上海市大同中学校园文化景观建设项目

大同校友砖

——艺术墙读书廊设计建造

杨贵庆　杨　虓　著

同济大学 出版社
TONGJI UNIVERSITY PRESS

内 容 提 要

本书基于上海市大同中学校友砖艺术墙和校友砖读书廊两项校园文化景观创建的过程记录和成果展示，分为策划篇、设计篇和实践篇，从大同文化诠释、校友砖策划到多种艺术形式创意设计，反映了场地设计的整体思路和建造过程。校友砖艺术墙荣获 2013 年 "上海市教育系统校园文化建设优秀项目十佳" 榜首，而校友砖读书廊荣获 "2016 年上海普教系统培育和践行社会主义核心价值观十佳校园新景观" 称号，为 2012 年上海市大同中学建校百年华诞和 2017 年建校 105 周年呈上学校师生和海内外校友的美好祝愿。

全书图文并茂，通俗易懂，可作为校园文化景观类建设项目的范例，适合学校文化景观建设工作者、从事人文景观环境设计的专业人士和相关专业高校学生学习参考用书。

图书在版编目（CIP）数据

　　大同校友砖：艺术墙读书廊设计建造 / 杨贵庆，杨
虓著 . -- 上海：同济大学出版社，2017.12
　ISBN 978-7-5608-7582-8

　　Ⅰ.①大…　Ⅱ.①杨…②杨…　Ⅲ.①墙－建筑设计
Ⅳ.① TU227

　中国版本图书馆 CIP 数据核字（2017）第 320275 号

大同校友砖——艺术墙读书廊设计建造

杨贵庆　杨　虓　著

责任编辑　荆　华　　责任校对　徐春莲　　封面设计　杨贵庆

出版发行	同济大学出版社　www.tongjipress.com.cn
	（上海市四平路 1239 号　邮编 200092　电话 021-65985622）
经　　销	全国各地新华书店
印　　刷	上海安兴汇东纸业有限公司
开　　本	787mm×1092mm　1/16
印　　张	10.25
字　　数	256 000
版　　次	2017 年 12 月第 1 版　　2017 年 12 月第 1 次印刷
书　　号	ISBN 978-7-5608-7582-8
定　　价	78.00 元

撰写组

撰　稿　人：杨贵庆　杨　虓

项目设计团队：王　祯　项伊晶　蔡　言　李帅君　王艺铮　叶　欣

编　辑　助　理：张伟峰　曾　迪

序

读书廊　葡萄架　大同情

2016 新学年开学，在大同中学校园蜿蜒的林荫小道上，在那片绿藤萦绕的葡萄架下，一座校园文化新景观——"校友砖读书廊"悄然矗立。

"校友砖读书廊"建于校园西北一隅，由 1984 届校友、同济大学建筑与城市规划学院杨贵庆教授担纲设计。造型呈北斗七星状，由校友砖层层垒砌成七大星辰图案，呈四向垂直延伸，犹如颗颗星辰，蜿蜒闪烁，高端大气。筑学子成长之路与读书廊相伴，行走其上，历经刻有二十四节气的彩色瓦砖，仿佛穿梭于时空隧道，不由生出惜时之感。寓意大同学子仰望星空，脚踏实地，人生追求，志向高远。

近而观之，构成星辰基座的砖墙由一块块校友砖相叠而成，校友砖上镌刻着校友的姓名、入校年份和对母校的留言。他们将点点心意融入大小相同的一块块砖内，诉说着各自的大同情缘，寓意为母校发展"添砖加瓦"。每一位大同人不论年龄身份，都可为母校添砖，在这一块块校友砖面前，人人平等。

"世界大同，梦开始的地方"；"大同，一生的奉献，一生的追求"；"我辈刻石当记取，一生莫忘大同天"……校友砖上那一句句感心动耳的留言，述说着学子对母校的心声，抒发着浓浓的大同情。

继而前行，林荫小道上，有一座葡萄架，俏然挺立，与校友砖读书廊，两相呼应。葡萄架，曾令万千校友魂牵梦萦，是几代大同人的校园记忆。曾经因为建设新校园，葡萄架一度被拆除。近年来，希望恢复葡萄架的呼声日益强烈。今天，葡萄架已重回大同校园，规模扩大了四倍。前半部分种葡萄，后半部分种紫藤，意为硕果累累，坚韧不拔。校友们得知校园内恢复了葡萄架，都欣喜地奔走相告。暑假里，许多校友冒着酷暑回母校参观。一天，有位老校友路过校门口，便问门卫师傅是不是恢复了葡萄架，当得到确认后，激动不已，一定要亲自进去看一看，这是何等的感情啊！

其实，我与大同中学结缘也始于这座葡萄架。那是 30 年前，当时，我被借调到区教育局工作，教育局办公楼就在大同中学的马路对面。记得那年 9 月初的一天，我去局里报到，椅子还未坐热，人事科长急冲冲地对我说："小盛啊，大同中学有一名语文老师病了，你去救救急吧？"还没等我反应过来，他又说："大同校长现在就在葡萄架下等你呢！"就这样，我走进了大同，来到葡萄架绿荫下，等着我的就是大同中学副校长俞柏寒。

今天葡萄架重回大同校园，我多么想请俞校长再回来看一看啊！于是我便发了一则信息给他："尊敬的俞校长：大同的葡萄架已恢复，读书廊已建好，开学后邀请您回来看看。呵呵！30 年前您在葡萄架下等我，30 年后我在葡萄架下迎接您！这真是大同情缘啊！"他很激动地回了我一段话："30 年前，我等您是工作，是应该的。30 年后，您等我，有劳大驾了。

您如此情深义重，令我感动。对葡萄架，我也有不少情愫，它的消失令人惆怅。在您的关心下得以恢复，极为欣慰。"

还是 9 月初的一个上午，我在校门口等来了俞校长，我陪同他参观了葡萄架的每一个角落，回忆起 30 年前的情景，都十分激动和感慨，说当时怎么没想到留下照片呢？在场的蔡蓓蓓老师听了也十分感动，便为我们留下了不能再错过的珍贵照片。

是啊，葡萄架也是很多老师和校友的大同乡愁，今天终于恢复了，我感到十分欣慰。更令人自豪的是，"校友砖读书廊"继"校友砖艺术墙"之后，再一次荣获了"2016 年上海普教系统培育和践行社会主义核心价值观十佳校园新景观"评选的榜首。这里不但凝聚着广大校友对母校的深情，也汇集着广大在校师生的热情支持和参与。

张曙老师提议，种两棵银杏树，表明大同节节向上，大同学子生生不息。宋士广老师提议，"校友砖读书廊"创建记要在全校师生及校友中广泛征稿。自 2016 年 4 月 18 日的升旗仪式上发出倡议后，师生们参与的热情，令人振奋。经过评议，最后选用由宋士广老师撰写的《大同校友砖读书廊创建记》："……苍松翠柏，激人以向上；池塘流水，育人以灵动；茂林修竹，教人以气节；蒲桃紫藤，儆人以奋发……"

校友砖读书廊从创意设计到制砖，无不凝结着校友的深情与智慧。记得那是 2012 年大同百年华诞来临之际，一封来自美国华盛顿的校友来信激起阵阵涟漪。2004 届校友杨虓提出了"校友砖"的创意。作为广大普通校友的一员，他始终在思考，能以何种方式回报母校，留下一块砖的理念于是逐渐形成。杨贵庆校友得知杨虓学弟的这一创意，欣然为校友砖设计绘制蓝图。校友的理想于是在大同校园内落地生根，蔚为大观。从"校友砖艺术墙"到"校友砖读书廊"，承载着不断丰富的大同精神，续写着不断传承的大同文脉。

徜徉书香，饮水思源。读书廊，葡萄架……永远的大同情。

盛雅萍

上海市大同中学党总支书记、校长

2017 年 11 月 18 日

前　言

校园文化景观的人文内涵及创意设计

"致天下之治者在人才，成天下之才者在教化，教化之所本者在学校。"这是我国北宋时期著名的教育家胡瑗在《松滋县学记》中开宗明义的一段话。它不仅指出人才对于治国兴邦的关键作用及教育对于人才培养方法的重要性，而且也指出"学校"这一教育场所对于实施教育根本保证的重要作用。因此，校园环境的建设、尤其是"校园文化景观"的建设，对于传承和发扬校园人文内涵、激励广大学子发奋学习、积极向上而成为国家栋梁之才，具有十分重要的意义。

那么，什么是"校园文化景观"？它是承载学校历史发展、办学理念宗旨、办学特色成就等人文内涵、在校园内具有视觉标志性和场所功能性的物质载体。它不同于一般教学设施或场所场地，它已经超越了显性的校园标志，成为隐性的育人场所。

一般来说，一所优秀的学校都有其特定的校园文化景观。它们或者是一座具有悠久历史年代的教学楼，或者是一处历经风霜的廊道、一扇古老的校门，甚至是校园里的几棵参天大树、一片荷叶枯荣的水塘、一行碎金阳光的葡萄架。由于经历了岁月洗礼和积淀，它们承载了不知多少批学生的成长旅程和青春梦想，从而成为师生的集体记忆和校园乡愁。校园文化景观中的事件和场所，经过时光编织而生成了特定的人文内涵，发挥其独特的、春风化雨般的育人作用。

校园文化景观需要保护、传承和创新。一方面，对于历史文化积淀下来的校园文化景观，需要加以积极保护并传承下去；另一方面，需要结合新时代发展的价值观加以创新、创意，从而丰富校园文化的人文内涵、增厚校园文化的历史积淀。对此，上海市教卫工作党委、市教委积极鼓励探索新时代校园文化景观创建的新形式，并于2016年主办了"上海普教系统培育和践行社会主义核心价值观十佳校园新景观"评选活动，它是对上海校园文化景观的一次巡礼。该活动得到了上海市文明办活动指导处的关心和指导，它为进一步宣传校园培育和践行社会主义核心价值观的好经验、好做法起到了积极作用。优秀的校园文化景观有助于学生们润育其中，达到情感认同、文化共鸣和价值追求的目的，从而使校园文化景观成为涵养社会主义核心价值观的重要载体。

为了创新、创意建设校园文化新景观，上海市大同中学近年来积极开展多种形式的创建活动。其中，2012年、2016年分别结合建校百年华诞和建校105周年，创建了"校友砖艺术墙"和"校友砖读书廊"两项校园文化新景观。在2004届校友杨虓提出"校友砖"创意的基础上，

1984 届校友杨贵庆和其设计团队设计了校友砖艺术墙和校友砖读书廊的艺术形式，获得广大校友的积极响应。在上海市大同中学盛雅萍校长等校领导指导、组织和在校师生的积极参与下，上述两个校友砖艺术形式得以实施。

　　两个校友砖艺术形式不仅具有特定的实用功能，而且更为重要的是其独特的创新创意，承载了大同校园文化的特殊意义。从校友砖的创意、空间造型设计到制砖过程，全部由历届学子倾心打造。由于每一块校友砖上都刻有校友姓名、入校年份和对母校的寄语，因此，每一块校友砖上都饱含校友对母校的深情。两种艺术形式都采用这样的校友砖作为建构的基本元素。无数的校友砖层层垒起，孕育着平等共享的理念，也寓意着为母校发展"添砖加瓦"，凝结着全体大同校友的合力，成为承载大同人追梦理想的地方。十分荣幸的是，校友砖艺术墙荣获 2013 年"上海市教育系统校园文化建设优秀项目十佳"榜首，而校友砖读书廊荣获"2016 年上海普教系统培育和践行社会主义核心价值观十佳校园新景观"称号。

　　本书正是基于上述两项校园文化景观创建的过程记录和成果展示。全书分为策划篇、设计篇和实践篇三个部分，从大同文化诠释、校友砖策划到两种艺术形式创意设计，反映了场地设计的整体思路和建造过程。希望本书的出版，不仅是作为创意设计和建造过程的归纳总结，而且作为较完整的文献档案献给中学母校。借此校园文化景观的创建，承载海内外大同校友对母校的深情眷恋和美好祝愿！

同济大学建筑与城市规划学院教授、博士生导师，城市规划系主任

大同中学 1981 届（初中）、1984 届（高中）校友

2017 年 11 月 18 日

目 录

策 划 篇

1 校友砖——毕业学子的拳拳之心

1.1 大同校友砖的理念

1.1.1 校友砖的畅想

在迎接大同中学百年校庆之际，作为广大校友的一员，我们始终在思考：自己能以何种方式回报母校、尽一份绵薄之力？与同学们谈及此事的时候曾经开玩笑似的说，应该捐一栋楼，但这显然超越了一名普通校友的能力。不过转念一想，尽管不是每一个人都有能力为母校盖一栋楼，但至少每一位校友都可以贡献一块砖。于是，便有了校友砖的创意。

校友对母校的感恩心愿无法用金钱来衡量。大同校友砖是面向全体大同中学校友的，是校友们为母校奉献一份心意的表现，而不在于钱的多少。因此，每一块校友砖仅以成本为最低捐赠额，不设捐赠上限。其本意就是为了让每一位校友，只要有心，就可以为回报母校出一份力。校友砖的意义，不在于其金钱价值，而在于捐赠者的心意，以及身为大同人的荣誉感。在收回成本的基础上，多捐赠的部分，不论多少，都是校友们回馈母校的心意。校友们如果有意捐赠，完全可以超过最低捐赠额，但同样只有一块砖。因为，对于体现心意的校友砖而言，每一位校友都是平等的。

以大同中学百年校庆为契机，在校园里将会竖立起一个又一个校园文化艺术景观。这一系列景观的基本元素，是一块块红色的方砖，这便是大同校友砖。

1.1.2 校友砖的生命力

大同校友砖不只是为了大同中学百年校庆而存在的。百年校庆，只是校友砖诞生的一个契机。校庆的热浪很快就会过去，而校友砖的生命，才刚刚开始。

对于今后的大同学子而言，校友砖刻字仪式，将是对母校感情的一次延续。对他们而言，"十八岁，我们成人了"将不再是高中阶段的最后一次回忆。因为四年后，他们还将有一场人生的约定——"二十二岁，我们一起，回母校添砖"。

因此，我们可以致全体高三毕业生：用人生的第一笔工资，为母校添一块砖！

以大同中学百年校庆为契机，开创的"为母校添一块砖"的传统，对于年轻的校友，建议校方设置一定的限制。即，需二十二岁（即大学毕业），校方才接受年轻校友回母校添砖刻砖。

一般来说，本科毕业之时，是回高中母校的一个高峰期。因此希望借由这样一个添砖刻砖限制的设定，形成高中毕业四年后，集体回母校"添砖加瓦"的传统。同时也希望，一年一度的校友砖刻字仪式，可以成为学校的传统盛会。

具体操作事宜，每年九月份至年末，开始接受新大四校友的添砖、刻砖报名。来年的十一月份校庆时间，当这一批毕业的校友集体回母校的时候，举行一年一度的校友砖添砖仪式。于是，每年金秋收获季节的添砖揭幕仪式，将会是校友们以及在校生的一场盛会。

1.1.3 校友砖的艺术表现形式

大同校友砖本身，作为基本的构成元素，有无限可能的艺术表现形式。例如，图书馆的书架，可以由校友砖搭建而成；大同校园内的艺术景观，可以由校友砖艺术堆砌而成；楼内的巨幅画卷，可以由校友砖拼贴而成；教学楼外墙、校园围墙上，都可以有校友砖的点缀……。

大同中学百年校庆前夕建设完成的"校友砖艺术墙"，将是大同校友砖的第一个艺术表现形式，同时也是大同百年校庆的一个标志性景观。当第一个校园文化景观完成的时候，学校将会甄选校友砖第二个艺术表现形式的创意设计方案。每一位有创意、有才华的校友，都可以来投稿。只要有好的创意，建造方案可以进一步深化。有关建造上的难题，学校可以聘请相关专家来解决。如此周而复始，当第二个艺术表现形式也完成的时候，学校会继续向广大校友征集创意，将校友砖的生命延续下去。

几十年后，或许大楼会翻新，或许校舍会重建，但校友砖将永远存在于大同的校园内。大同在，砖在！因为它们是大同历史的传承，文化的延续。校友砖见证了每一位大同校友在母校的足迹！每一位校友，都将"化身"为校友砖，永远守护着我们的母校！

就这样，时间之轮开始滚动，历经数十年风雨的洗礼，大同校友砖会慢慢地显现出历史的印记。印刻名字的校友砖会逐渐褪色，但校园里也会不断涌现出新鲜光亮的新砖，成为校园景色的新点缀。渐渐有一天，当大同的校园被充满历史气息的砖块所围绕的时候；当祖孙三代的名字被刻在同一片校园里，共同守护着母校的时候；当一代又一代莘莘学子因为想要拥有一块属于自己的校友砖而非大同不考的时候；当来访的宾客总能在某些褪色陈旧的砖块上，不经意间发现刻有曾经以及正活跃在各行各业的杰出人才的签名的时候，大同校友砖的终极理念，也就得以真正实现了。

这一天，或许不会很快到来，但，我们有信心。让我们在大同中学百年校庆之际，跨出大同校友砖终极理念的第一步吧！

1.2 大同校友砖召集令

1.2.1 校友砖召集令发布

为了推进"大同校友砖"理念的落实，并结合校友砖筹划创建大同中学百年校庆校园文化景观，大同中学决定在上海若干知名媒体上公开发布"大同校友砖召集令"。一方面告知海内外大同校友关于母校百年校庆的活动；另一方面，发起校友关注添砖的活动。召集令的构想如下：

2012 年，时值大同百年校庆。学校非由大楼构成，乃万千学子和老师构成，乃万千学子和老师凝成的文化铸成。百年后，两百年后，三百年后……大同学子除了记载于档案簿中，还能在哪里找到曾经的记忆？今天，毕业学子满怀着对母校的深情厚意，提出了校友砖的理念，并编写了创意文稿，以此筑起属于每一个大同学子的历史记忆。在校友砖创意的基础上，我们设计了由校友砖组成的第一个校园文化景观。

借百年校庆之东风，学校将开创一项新传统，打造大同校园文化景观。每一位校友，都可以在母校的校园里留下一块刻有自己签名的砖，寓为母校添砖加瓦之意，是为大同校友砖。现召集各位校友回母校添砖！

1.2.2 校友砖单体的设计方案

单块校友砖的设计方案如图 1-1 所示，每一块校友砖将有以下三大元素：①校友自己的中文签名及姓名的英文名；②级别（即入校年份）；③如果校友们感触深厚，还可以添加一句 20 字之内的留言（含标点符号）。留言可以是学生时代的感悟，对母校想说的话，或是对未来校友的寄语，也可以是校友自己的座右铭、人生格言等等。届时学校将根据感悟留言的具体情况在砖上增刻。

图 1-1 校友砖单体设计稿示意

1.2.3 "迷你砖"纪念

对于每一位回母校添砖的校友，学校将制作一块等比例缩小的"迷你砖"，配上校友砖特有的纪念证书，让校友们带回家永远珍藏。

迷你砖与纪念证书的效果图如图 1-2 所示。

1.2.4 "校友砖艺术墙"设计初步方案

校友砖的第一个艺术表现形式是"校友砖艺术墙"，同时它也是大同百年校庆的一个标志性景观。根据设计需求，这道艺术墙需约 1 200 块校友砖来搭建。学校发布了以上的"召集令"号召广大校友积极参与，回母校添砖。

图 1-2 迷你砖与捐赠证书

1.2.5 "校友砖添砖"申请方式

大同中学已开通校友砖域名：www.xiaoyouzhuan.com。欢迎校友们，通过官方域名登录信息，以充实母校的"校友砖"库。如果库存里的砖块数量超过 1 200 块，学校将开始甄选校友砖的第二个艺术表现形式，将校友砖的生命力不断延续下去。

校友砖是面向全体校友的，百年校庆只是校友砖诞生的一个契机，今后每几年，学校都会举行一次校友砖景观搭建仪式，及时将砖库里的校友砖以新的景观展现出来。

学校将根据艺术景观的成本，制定校友砖的价格。校友们添砖的定价方式为：成本价或以上，不设上限。在收回成本的基础上，多捐赠的部分，不论多少，都是校友们回馈母校的心意。超过成本的部分，学校将设立专项基金，用于校友砖的维护和艺术景观的改建等。

具体校友砖库录入方式，请登录校友砖官网 www.xiaoyouzhuan.com。对于不方便使用电脑的校友，欢迎回母校录入校友砖信息，学校将会有人专门接待。由于校友砖系统还在制作中，学校将于 2012 年 6 月 20 日正式开通校友砖的网络注册。学校在收集到超过 1 200 块砖之后，将会通过邮件通知各位校友，告知校友砖组成的校园文化景观的成本，以及捐赠方式等。并会在适当的时候开始甄选校友砖的其他艺术表现形式，用来展现第 1 201 块之后的校友砖。欢迎各位校友提供创意，投稿参与，为大同中学的校园文化建设献计献策。

1.3　守望与追梦

当大同中学百年校庆钟声敲响的时候，在这所古老而又年轻的菁菁校园内，悄然增添了一道独特的新景观，它就是用一种极为特殊的砖——"校友砖"砌筑的一座"校友砖艺术墙"。它汇聚了多少大同人的守望，它又承载着多少大同人的追梦。

"校友砖艺术墙"是大同历史的传承和文化的延续，它见证了大同校友在母校的足迹，是校友们心系母校的最好的物化表达方式之一。对校友们来说，在母校求学的时光，是他们人生中最重要的阶段之一。因此，感恩母校和老师的辛勤培育，把分布在世界各方和祖国各地校友的拳拳感恩之心，化作守望"故土家园"的一块块红砖，既是表达对母校的感恩之情，也寓意着为母校的发展"添砖加瓦"，这正是"校友砖"的独特创意。在大同百年华诞之际，校友们不分届别，无论长幼，都可为母校献上一块砖，并以最为凝练的寄语或感言镌刻在校友砖上，浓缩了校友的人生感悟，更演绎了永远的大同精神。

虽说采用物化表达方式来表达对于母校的敬爱之情，在国际上一些知名大学，特别是百年名校来说并不鲜见，但是采用"校友砖"这样的创意方式并以"校友砖艺术墙"这样的文化景观呈现方式，却是世界上独创。在一块长约 50 米、宽约 3 米不到的狭长地带里，校友砖艺术墙采用富有动感的折线方式，打破了传统直线墙体的呆板感觉，宛如物理学中的"振动波"。由大大小小折线组成的墙体，又与"心电图"的曲线图案不谋而合，象征着各届校友心系母校，共同律动。从受力原理考量，转折的墙体可以增加牢固性和稳定性。校友砖之间的搭接也极富情趣，它既可在转折处形成构造柱的强化作用，同时又可在整体秩序中显现出内部的动感，而高低起伏的轮廓线变化，活泼和有序相得益彰，恰到好处地与观赏者的角度形成呼应。砖体搭接处又留出了适当的空隙，一方面使得墙体空灵剔透，又便于观赏者了解砖墙背后的动静；另一方面可避免在教室中的学生课余眺望视线的受阻。

此外，局部彩色砖的点缀，展现出彩虹的色谱，在砖墙的阴角起伏波动，增强了连续的动感。在砖墙的阳角处勾勒出转折的节点，不断提升变化的节奏。同时，搭配协调的彩色砖也寓意在校学生多姿多彩的青春花季，时时告诉人们："校友砖艺术墙"既属于毕业的历届校友，也属于在校的莘莘学子。

百年校庆将是校友们关注母校、感恩母校、回归母校的重要时刻，也是"校友砖艺术墙"诞生的历史契机。从"校友砖"的创意到"校友砖艺术墙"的诞生，从策划草案到设计成稿，从选择砖材到加工刻字，从现场施工到"创建记"的撰写，无不凝聚着关心和热爱大同的各界人士的奉献，无不凝聚着如今在校的大同师生们的智慧和心血。可以说，"校友砖艺术墙"既是离开校园的来自四面八方的大同校友心系母校的纽带，也是在校师生们守望和追梦的寄托。"校友砖艺术墙"是百年大同的一首凝固的音乐，更是一首大同人未来的畅想曲。

2 筚路蓝缕、大同世界——大同文化的诠释

2.1 大同百年 百年大同[①]

大同，上海教育园地的一面旗帜，自1912年以来，由学院而大学，而大学科与普通科（即大学部与中学部），而市重点中学，走过了整整一个世纪的风雨历程。其规模历经数变，校园屡经播迁，内涵因时而异，其精神则一以贯之。值此大同百年华诞之际，数以千计的海内外大同校友，回首前尘，重放那令人感佩、令人骄傲的历史镜头，回味那卓然自立的大同精神，无不心潮起伏，感慨万千。

大同是文化抗争的产物。一百年前，胡敦复、吴在渊等一批志士仁人，有感于洋人控制的清华学校唯洋是从，不光大多数课程均用英文教材，还开设美国史地、政治、公民等课程，要学生将美国历届总统、历史名人，以及所有的州、州首府，每一条河流、每一座山川都一一背诵出来。有感于清华学校鄙薄华人教员，美中教员的待遇悬殊足有十倍，居住条件更是天壤之别。还有感于中国教育之不振，"官立学校办事者皆以外粉饰而内敷衍为事，偏重智育而置德育于不问，才乃为济恶之端"，[②]愤而从京师集体南下，在上海创办了大同学院。近代不少私立大学，均因文化抗争而起，诸如复旦之于震旦；中国公学之于日本对于中国留学生的限制；大夏之于厦大；光华之于圣约翰，都是由于部分师生集体抗争而起。那些抗争，或因人事关系之龃龉，或因政治主张之冲突，像大同这样，既因不满于西化学校之过度崇洋，又因不满于官立学校之过于腐朽，实属少数。这类双重抗争的发生，其主导者必然既熟悉现代教育又反对全盘西化；既对中国文化饱含深情又对中国教育现状极度不满。胡敦复、朱香晚、平海澜、吴在渊等大同创办人，就是这类学养丰厚、胸怀大志的文化精英。他们都出生于文化素称发达的江南地区，或系海外留学归来，或系自学成才，清末均在北京高校执教。他们志趣相投，组成立达学社，以"自立立人，自达达人"为宗旨，以贤豪、绩学、崇实、志愿投身教育为条件，时常聚会，讲学励志。

大同在由学院而大学的四十年间，鲜明地呈现以下三个特点：

其一，励精图治的办学精神。那时的中国大学，就经费而言，约分三类，一是官办，后来称国立，经费由政府拨发，如北京大学；二是公学，经费由两部分组成，部分官款，部分私款，如早期的南洋公学、复旦公学、中国公学；三是私立，全部为私款（后来政府有所资助）。私立学校中，又分外国教会学校与国人私立学校，外国教会学校有圣约翰大学、震旦大学、沪江大学等，国人私立学校有南开、大同、大夏、光华、暨南、持志等。三类学校中，以华人私立学校经费最为困窘，而大同又是私立大学中之罕见困窘者。胡敦复、吴在渊等十一位

---

① 此节由上海市大同中学校长办公室提供，见主要参考文献 [1]。
② 吴在渊：《大同大学创办记》，1925年3月。

创办人，没有一位是富商大贾，他们七拼八凑，第一笔经费只有区区二百二十八元。那是大学，不是小学、幼儿园！二百多元只能是杯水车薪。但是，他们知难而上。大同创始人回忆：

> 在国内各大学中，没有一所的创立是像大同大学这样辛苦艰难的，既没有大资本家的援助，又没有政府的扶植，仅仅凭着十一个教书先生的信心和勇气，就办起这所大学来。①

没有校舍，就临时租用民房；没有校具，就东拼西凑，连三角板和酒精灯这样的基础教具都配不齐全；没有书籍，就由教师捐助；没有钱发薪水，教师们就义务教课，再到别的单位兼职以维持生活；无法聘请足够多的教员，就一人多职，胡敦复担任校长，兼教外国文学、英文、数学、心理学、伦理学，还教哲学、拉丁文、声韵学。顾珊臣既教数学，亦教物理学。更有甚者，有些教师将在别的单位兼职所得之薪金提取一部分资助大同。大同初创阶段，胡敦复捐款超过万元，吴在渊捐款 5500 余元。吴在渊在此工作二十余年，"生活困顿，穷巷陋室，家徒四壁，木箱当桌，食盐代菜，却日则教书，夜则译著，乐此不疲，有重金聘他，亦婉言谢绝"。②他们凭着满腔热情，白手起家，胼手胝足，筚路蓝缕，终于创办起名闻遐迩的大同大学。就个人而言，胡敦复等人都是学有专攻、业有所成的绩学之士，都是聪明绝顶之人，胡敦复先前在清华学校是首任教务长，朱香晚、平海澜、吴在渊等人均为清华教员，都有相当不错的收入，都可以过着相当丰裕的生活，但是为了理想，他们选择了奉献，也选择了困窘。

大同人这种"自立立人，自达达人"的崇高精神，不光表现在初创阶段，而且贯串大同大学始终，成为大同光彩夺目的人文传统。1937 年，学校因为要为新开办的工学院投入大笔资金，无力负担所有员工的足额薪酬，全体教员就在原薪的基础上减扣一定的数额，以补贴学校的开支。校长曹惠群将这年 8 月份以后应得薪酬全部捐出，平海澜、关实之、郑涵清、胡范若等教员都减薪 60~70 元。二十世纪七十年代后期，大同创始人胡敦复在美国接受记者采访时，总结大同办学的经验："①降低办学费用，使有更多的钱用于教学与科研；②有一支热情而有能力的工作班子，使开支降低而工作效率增强；③有一个能事先规划周详的领导班子；④有良好的信誉，博得人们的信赖；⑤取得广泛的信誉后，需要的时候，就容易向外筹款；⑥组织一支良好的教师队伍，他们不为名利，热心教育。"③这六条，归纳起来，就是领导、教师、规划、效率、献身与声誉。其中，"不为名利，热心教育"是关键。正是在这种救国济世、不计私利、群策群力、众擎易举精神感召下，大同才能小钱办大事，无钱也办事，才会不断发展壮大，从辉煌走向辉煌。

其二，务实严谨的办学风格。大同办学密切联系中国的实际，一切从中国社会需要出发。

---

① 平海澜：《大同大学四十周年校庆讲话》（1951 年 3 月 19 日），载《大同大学年刊》（1951 年）。
② 忻福良：《立达学社与上海大同大学》，《建桥报》，总第 106 期，2011 年 5 月 1 日。
③ 见新浪网开放词典，胡敦复条，http://cidian.iask.sina.com.cn/a/r4k7.html。

当时许多学校片面强调外语，特别是英语，多半的理、工、财经课程，甚至历史、地理、艺术的课程，其教科书、阅读材料、考试和课堂作业都使用英文原书，致使许多幼时没有学过英文的学生，在学习中遇到的困难不是数学、物理、历史、地理本身的知识，而是作为工具的外文，这样就使得科学退居到附庸位置，也不利于民族自信心的培育。针对这一弊端，大同大学强调，教科书必须从本国国情出发，必须与本国国俗相结合，绝对不应照搬外国教科书：

> 世界万国，除印度、安南、缅甸、朝鲜等已亡诸国外，其中等学校一切科学，有悉用外国文教授者乎？吾虽未尽知道，窃恐绝无而仅有也。中学教科书必有关于国故者、有关于国俗者容纳其中，所以培植其国民者也。……务使初学科学之人，可尽脱外国文之束缚，而多得参考之材。学者研究既多，自能群趋于发明之一途。不如是，则吾国之学术，终为他国之附庸而已。"①

他们编写、翻译了许多切近中国实际的教科书与教学参考书，包括代数、几何、物理、化学、英文、历史。他们成立"大同学院丛书编辑部"，以胡敦复为首，编辑部成员 14 人，都是各科学贯中西的饱学之士。二十世纪二三十年代，大同教科书是教育界一大知名品牌，内有相当一部分被教育部确定为部颁教材，被社会广泛采用，胡敦复等人所译《积分方程式之导引》等书，是商务印书馆出版的中国最早的一批"大学丛书"。

当时许多学校的学生偏科、片面发展，学理工科的文史知识太贫乏，学文史的又对理工科一窍不通。针对这一弊端，大同十分重视学生的综合发展，这突出表现在课程设计中，文理交叉的必修科目甚多。以 1933 年课程为例：文学院除本院必修外，尚须必修理学院之高等数学、解析几何、化学概论、生物学及商学院之经济学、银行货币等。理学院除本院必修外，尚须必修文学院之欧洲近世史、政治学、伦理学、心理学等。商学院除本院必修外，亦须必修理学院之化学概论、高等数学、解析几何、生物学及文学院之六艺、诸子、史籍各学程。这种重视学生全面发展的理念是相当正确的，有利于增强学生到社会就业以后适应能力与创造潜力。有校友评价，"将来学数理的毕业生能阅读中外文书，文字表达能力亦较强，文理基础都好，能适应将来深造后，既有专业深度，又有广度，知识面广可以促进专业的深度"。②大同一校，日后能出三十多名两院院士与学部委员，与其一贯重视通识教育，自有一定内在关系。

针对许多学校忽视、轻视中国传统学问传授的弊端，大同特别注意中国传统文化的教育，规定各院系都必修国学，所授课程有《四书五经》《史记》《淮南子》《古文观止》等。朱香晚先生在文字音韵学方面相当有成就，所教《说文解字》，很受学生欢迎。校友于光远到

---

① 胡敦复：《近世初等代数学·序一》，载吴在渊编辑、胡敦复、胡明复校订《近世初等代数学》，商务印书馆 1922 年出版。
② 《上海市大同中学校友会资料（人物卷）开创时期》，上海市大同中学档案室藏。

耄耋之年，还能清楚地记得朱先生的讲授内容：

> 在大学里学的《说文解字》这门课，是朱香晚老师教的。他讲得非常生动，许多说法在书上不容易找到。比如，他举了许多例子来讲篆字的变化发展，有一些我至今都还记得。他讲"西"这个篆字，形象是鸟站在鸟巢上，本意就是现在的"栖"。可是因为作为方向的"西"字比"栖"用得多，而鸟还巢的时间正好是在太阳西下的时刻，因此这个字的意义就变成了西，同时又另外造一个"栖"字。①

务实，最重要的是务中国之实，中国现实的需要就是大同发展的目标。1937 年抗日战争爆发以后，全国各地烽烟四起，兵连祸结，城市、乡村遭到严重破坏，工程建设人才成为中国社会最为迫切需要的人才。大同大学不避艰难，毅然创办了工学院。从 1941 年至 1952 年，工学院共毕业学生 2 228 人，比文、理、商三学院同期毕业生总数还多。这些人在抗战以后特别是中华人民共和国成立以后，成了国家建设的栋梁之才。大同大学所出的两院院士中，工程院士最多，从一定程度上说明大同办学紧贴中国现实的需要。

务实，就是要务中国社会之实与教学效果之实。为了让学生在校期间能够学到更多的切实有用的知识，大同在全国高校中，率先采用学分制与选科制。为了让更多女子获得接受高等教育的机会，大同在 1916 年即开始男女同学同校。当时风气未开，胡敦复、吴在渊等人带头，让自己的妹妹、女儿来校读书，二三年后，渐成规模，外界男女同学之风始盛。学分制、选科制与男女同校，这在今日早已司空见惯，但在当时都是引领时代风气的创新之举，是大同大学务实的表现。

其三，饮誉海内的办学质量。大同在其四十年的大学历史中，一直是上海乃至全国私立大学中的翘楚，素有"北有南开、南有大同"之说。大同首期招收学生 91 人，到 1928 年，已经成为中国第一流私立大学，大学科有文学院、理学院与商学院，下设九系；普通科有高中、初中两部，全校占地 90 亩，大的建筑物 15 座，图书、仪器总价十余万元，有学生八百余人。1937 年增设工学院，下设电机、土木、化工三系，1948 年添设机械工程系。至 1948 年，大同教学设备一应俱全，内有中国最早的物理实验室，大学部学生已逾 2 700 人，中学部学生逾 2 500 人，为沪上私立大学榜首。至于其教学质量，更是令人称羡。1928 年，教育部考察私立学校，对大同有高度评价。其综合报告称，凡考察复旦、沪江、大同、大夏、光华与暨南共六所大学，"据视察结果，办学精神极为贯注者，为大同、沪江二校。理学院办理较有成绩者，亦为沪江、大同二校"。②换句话说，那时大同的质量，在上海私立大学中，名列前茅，其地位在复旦、大夏、光华与暨南大学之上。如果除去作为教会大学的沪江不算，大同在上海私立大学中名列第一。这不是校友的自我陶醉，而是专业权威机构

---

① 上海市大同中学校庆办公室编：《大同人——大同校友风采录》（第一辑），2002 年版，第 46-47 页。
② 《〈教育部视察员视察上海六大学〉总评》，上海市档案馆，大同大学档案 Q241-1-9。

经过调查以后的严肃评价。令人扼腕叹息的是，1952 年，大同大学在院系调整中被撤并，大学部分被并入交大、复旦、同济、华东师大等学校，仅中学部分在继续发展。作为大同大学后续影响的重要部分，是其培养的学生的成就。其中，最突出的指标，是出自大同的两院院士与学部委员的人数，竟有 39 人之多。这是极少国内大学能够与其比肩的。经济学家于光远，水电水利专家钱正英，物理学家严济慈，隧道之父刘建航，化学专家查全性……那么多一流学者竟然都出在现在已经不复存在的大同大学。

当然，1952 年以后大同大学不复存在了，但大同精神仍在延续、光大。1952 年以后的大同中学，随着时代的波涛蜿蜒向前，1959 年被评定为上海市重点中学，"文化大革命"中一度改名为"上钢三厂五七中学"，"文革"结束后恢复大同中学校名。改革开放时期，大同中学在教学质量、校舍建设方面，大步前进，在立己达人、培养德智体美全面发展人才方面，在励精图治、艰苦创业方面，在联系实际、发扬特色方面，可圈可点之处很多。从这里出了世界跳高冠军朱建华、奥运会射击冠军陶璐娜、女足名将孙雯，还有一批在全国、全市体育运动获得金牌的体育人才，更有一批在全国和上海的数学、物理学、航天知识、绘画竞赛中获得优异成绩的学生，培养出一大批活跃在祖国各条战线上的优秀人才。

"大学之道，在明明德，在新民，在止于至善。"这是古代圣贤的遗训，也是大同的校铭。短短十六个字，涵盖了认识世界与认识自己、改造客体与提升主体两个方面，涵盖了修德与进业两个方面，这也是古今中外教育的全部真谛所在。大同在这方面，给世人留下了光辉的榜样。

继往开来，学校高扬"爱国育才"的理想，以"笃学敦行，立己达人"为训，坚持培养学生"学会做人、学会学习、学会生活、学有特长"。学校师资优良，办学成绩突出，办学设施完善，环境优美，在德育建设、课程改革、艺术和体育各方面成绩卓著。校交响乐团、民乐团坚持对外演出交流，被评为上海市学生艺术团，具备极高的艺术表演水准，校足球队和跳高俱乐部在全市亦享有盛名。

学校坚持以改革创新助推学校发展。自 20 世纪 80 年代，学校开始了课程结构整体改革的探索；1995 年，率先设计并实施高中学分制管理方案，在上海乃至全国树立了一面课改的旗帜。通过对学科内容的延伸、拓展与深化，以"活力大同、活力课堂"为主线，学校建构了"三大层次、八大领域"的课程体系，为广大学子开发、开设了形式多元、内容丰富的拓展型、研究型课程，如知识论（TOK）、电脑作曲、网络文明、元明清戏曲鉴赏、大科技课程等，真正让学生"选我所爱，爱我所选"。

2011 年，为进一步提升学校课程品质，满足学生日益多元的个性化发展需求，学校将课程改革向深层推进，CIE 创新素养培育成为学校新的发展着力点。"CIE"是创造（Creativity）、创意（Innovation）、创业（Entrepreneurship）的英文缩写，随着环保手机设计、我建我家等创新素养培育项目的推进及创新实验室的设立，学生创新的火花得以激发和培育。

2012 年借大同百年校庆之契机，学校以"文化立校，文化育人"为抓手，注重环境文化、课程文化、仪式文化等校园软环境的建设，大同校园人文十景卓然挺立，诗化教育润物无声，大同全面育人、以文化人的新格局日渐形成。在上海招生考试制度改革的背景下，学校推行导师制，关注学生核心素养的培育，提出了大同学子的五大素养与八大能力指标；以统整为载体，精心打造适合学生个性化、选择性学习，注重学生全面发展的课程体系，构建走班制、生涯发展指导体系，让学生有目标、有文化、有信念、有理想、有担当。

"面向国际，开放办学"是大同不变的胸怀。学校开设国际部，开展国际交流，并与美、英、德等十余个国家 30 余所知名学府结成友好学校。学校国际课程建设日益成熟，开展 PGA 课程项目教学。国际交流日益广泛，2010 年，学校被评为剑桥大学中国生源遴选基地并成功举办"城市的未来，青年的责任"世博中外学生论坛；2011 年由学校与澳大利亚翩丽爱森顿文法学校合作开办的孔子课堂荣获世界五个"先进孔子课堂"奖之一，同年"创新：时代的责任，教师的使命"国际教师论坛在学校成功举行，标志着学校国际化步伐日益矫健。

百年大同，百年弦歌！立己达人，成就辉煌！一代又一代志士仁人，面向现代化，面向世界，面向未来，勇于创新，甘于奉献，励精图治，薪火相传，终于将美丽的理想化作骄人的业绩，在中国教育史上留下了绚丽多彩的篇章。

2.2 一道凝聚大同学子的校园文化新景观——校友砖艺术墙

2.2.1 主题演绎

1912 年，为了"天下大同"的理想，黄浦江畔仁立起一座崭新的学堂。从此，"为国育才"的信念如同不灭的火种，点燃一代又一代大同人的梦想。2012 年，当大同喜庆百年华诞之际，在这所古老而又年轻的菁菁校园内，悄然增添了一道独特的新景观——"校友砖艺术墙"，它蜿蜒着岁月的年轮，寄托着百年的梦想，成为世纪大同一道崭新又独特的校园艺术景观。

这是一座饱含深情的砖墙，它是由无数"校友砖"层层垒起，每一块校友砖上都刻有学子的姓名、入校年份和对母校的留言。这也是一座具有特殊意义的砖墙，从校友砖到校友砖艺术墙的创意、设计到制砖都是由大同校友倾心打造。

2012 年春，在迎接大同百年校庆的日子里，一封来自美国华盛顿的校友来信，激起了大同人心中的阵阵涟漪。2004 届校友杨虓提出了"校友砖"的创意。

"每一位校友都是平等的，校友砖的意义，不在于其金钱价值，而在于添砖者的拳拳之心，在于身为大同人的荣誉感。"杨虓当时的这句话让校长盛雅萍甚为感动。因为在百年中国教育史上，大同是一所唯一没有任何资助，仅仅凭着十一个教书先生的教育理想而办成的学校。筚路蓝缕的艰辛开启了中国人独立自主办学的历程，百年大同中走出了 39 位两院院士，走出了钱其琛、曾培炎、钱正英、傅雷、施蛰存……这样的大家，也走出了一个个普普通通却心系祖国和人民的社会成员。

这正是大同的教育理想和教育精神！当"校友砖召集令"一经发出，校友们的申请如雪片般飞来，不到一月的时间，已有几千人报名。学校作出决定，每一位校友都可以添砖，所有的校友砖都只收成本，多捐赠的部分，不论多少，都进入"校友砖"专项基金。

此情化作一块砖，菁菁校园长流连。

来参加征集的校友中有德高望重的全国科学技术最高成就奖获得者、中国科学院院士，有著名作曲家、艺术家，有曾经在大同工作、学习过的外籍师生，也有为大同耕耘一生的老教师们，更多的是历届的普通校友，甚至可以看到有一家几代人的大同情缘。

一代代大同人在校友砖上传递着他们不变的情怀。"我注视着母校，母校注视着我。"这是大同 1979 级初中，1982 级高中学生陈勤奋在校友砖上留下的话。在母校加入中国共产党的她，毕业多年后，每年在她的入党纪念日，她都会收到来自母校老师的信函问候，而如今已是一名优秀医生的她，也用自己的行动回报母校的深情。

"青春无悔，一生怀念""大德敦化，同心善美""世界大同，梦开始的地方""种花要用心，桃李芬芳；育人要用情，栋梁参天""大同，一生的奉献，一生的追求""砖砖律动薪火传，海上谁人比壮观？我辈刻石当记取，一生莫忘大同天"……校友砖上这一句句感心动耳的话，就如同一部鲜活的大同"校史"；每个大同人身上承载着不同的历史时期，但都体现了永远的"大同精神"，他们的人生感悟无处不显示着鲜明的"大同烙印"。尽管岁月更替，许多校友早已不再年轻，但这融入血液中的大同气质却将如同这鲜红的砖块永葆青春。

为了将这些校友砖绘制成独特的文化艺术景观，1984 届校友、同济大学建筑与城市规划学院教授杨贵庆主动请缨，"校友砖艺术墙"应运而生。

当一名校友的父亲得知这个消息后，经营着制砖厂的他，特意添置了几套模具，主动承担起了制作砖块的任务。为了回馈每一位添砖的校友，学校还精心制作了缩小版的迷你校友砖，以供校友珍藏。

未来，大同校友砖将有无限可能的艺术表现形式：图书馆的书架，可以由它搭建；校园内的艺术景观，可以由它堆砌；楼内的巨幅画卷，可以由它拼贴；教学楼外墙、校园围墙上，也都可以由它来点缀。这些将是大同校园中最令人瞩目的风景，是学长们留在母校最厚重的宝藏，是大同精神的根与魂，是大同人心中共同的梦。

感谢这一片厚重的土地，接纳我的足迹，萌发我的启迪。等下一个百年，我们将为祖国和为您添砖加瓦，用大同的底蕴去创造人生的精彩，用大同的胸怀去演绎人生的价值！

"校友砖艺术墙"是百年大同凝固的音乐，更是面向未来的大同畅想！

2.2.2 文化的认同

校友砖景观设计项目的实施过程实际上就是一个校园文化认同的过程。学生们在设计的时候，需要了解学校的历史和发展，需要结合校园文化的特点，更需要融入学校百年的文化积淀。因此，同学们在潜移默化中接受着校园文化的熏陶，并不断形成认同感。

同时，今后校园中陆续出现的校友砖景观设计对每一个大同学子来说都是一种无形的教育，一块块校友砖上的留言倾注着学生们对母校无限的感激；一个个景观造型透露出学子们的无限创意。这样的教育是润物无声的，却也是最有效的。

当第一个景观被刻满的时候，学校就将甄选校友砖第二个艺术表现形式的创意设计方案。每一位有创意、有才华的校友，都可以来投稿。当第二个艺术表现形式也被刻满的时候，学校会继续向广大校友征集创意，如此周而复始，将校友砖的生命延续下去。

于是，在放暑假之前，学校通过两个渠道布置了一份特殊的"作业"——为校友砖进行创意景观设计。一是通过班长团支部书记例会向大家介绍了校友砖的基本情况，对景观设计提出具体的要求；二是通过结业式，请杨虓校友向所有的学生介绍该项目形成的经过，并号召大家在假期中进行设计。学生们在暑假中就忙碌起来。各个班级分别请具有设计才能或是创新意识的同学参与此次景观设计，大家都力求设计出既有美感又不乏内涵的校园景观。

2.2.3 校友砖留言的意义

校友砖景观设计是为一块块沉甸甸的校友砖而度身制作的，因为校友砖上传递的情谊可以感染所有的大同人，字里行间，寄予了校友对青春时代的感怀、尤其是对母校的感恩，这对于在校学生来说意义深远，是一部别样的校园文化记录。以下是部分校友留言摘录：

千教万教，教人求真；千学万学，学做真人。（1949 级初中 狄辰华）

百年大同，继往开来，创新精神，千秋万代！（1960 级初中、1963 级高中 荣翟军）

大同是我青春的记忆，人生重要的驿站。（1960 级初中 谭宏德）

母校让我懂得人生的价值在于不断追求！（1965 级初中 徐明）

大同足球是我一生的骄傲！（1969 级初中 吴福根）

前者可追，后生可畏，美哉大同，地灵人吉！（1969 级初中 汪殿林）

大德敦化，同心善美。（1972 级初中 宋百亮）

少年在大同，青春无悔，一生怀念！（1978 级初中、1980 级高中 宣枫）

六年的大同学习生活，是我一生的财富！（1978 级初中、1981 级高中 杨贵庆）

世界大同，梦开始的地方。（1978 级初中 俞萍）

我注视着母校，母校注视着我。（1979 级初中、1982 级高中 陈勤奋）

大同学习工作的 22 年永远镌刻在我的生命里。（1980 级初中、1983 级高中 姚晓红）

期待下个百年母校依旧星光灿烂！（1982 级初中 秦峰）

大同培养了我，我把青春献给了大同。（1985 级高中 章健）

百年育人，枝发五洲，再度跨越，大同万岁！（1987 级高中 蔡志荣）

我骄傲，我是大同人。（1988 级初中 陆勤）

铭记大同教诲，投入大同建设，见证大同辉煌！（1989 级初中 陈莉莉）

七载春秋，云消雨霁，上善若水，知恩报恩！（1992 级初中、1995 级高中 徐进）

活用四学，受益终生——学会做人、学会学习、学会生活、学有特长（1995 级初中 谢昱焜）

那些年，那些人，那些情，永为大同人！（1998 级初中、2002 级高中 王晓寅）

七年灵魂的成长，傲为大同人！（1998 级初中、2002 级高中 徐仕靓）

七年的青春，一辈子的大同人！（1998 级初中、2002 级高中 张力）

愿为大同的辉煌而不懈努力！（1998 级高中 林雪虹）

天下大同，理想之国。（1998 级高中 倪佳）

百年沧桑铸成名校风范 百年风雨造就华夏栋梁（2000 级高中 孙捷）

化身校友砖，永远守护着母校！（2001 级高中 杨虓）

母校期颐辛耕耘，桃李盛开满天下！（2001 级高中 张颖华）

那一年，云淡风轻，阳光在笑。青葱年少，莫不静好？（2002 级高中 丁意桦）

大海纳百川，四洲同欢乐。（2003 级高中 陈书乐）

大同三年让我成为了一个更好的人。（2004 级高中 唐蕴斐）

砖痕桂树泉花，天下大同人家。（2004 级高中 王怡蓁）

用音乐点亮人生！（大同交响乐团指挥 胡咏言）

此外，大同中学的部分退休教师也给予了留言，部分摘录如下：

上善若水，厚德载物。（1978—1995 年任教于大同 陈秋萍）

吮吸六年，耕耘廿二载，相伴廿八春秋，身心融大同。（1984—2006 年任教于大同 陈兴国）

校风教风学风，齐抓共建；德智体美劳，全面发展。（1979—1995 年任教于大同 陆建平）

如果有来世，我还会在大同当一名教师，任班主任。（1962—1995 年任教于大同 钱蓉芬）

百年大同，事业辉煌！（1963—2008 年任教于大同 王元莹）

种花要用心，桃李芬芳；育人要用情，栋梁参天。（1981—1998 年任教于大同 吴军）

大哉至爱，同心如山；百年校庆，寿比东海！（1952—1992 年任教于大同 项国安）

我愿自己是块大同砖，让同学们踏着砖攀登科学高峰。（1980—1990 年任教于大同 许克美）

三十三个春秋，大同情缘，高如天穹，深如大海。（1969—2001 年任教于大同 杨月明）

大同，一生的奉献，一生的追求！（1974—2006 年任教于大同 朱建玲）

2.3 星辰闪耀 时不我待——校友砖读书廊

1912 年，有一批仁人志士，怀着"天下大同"的理想和对教育的满腔赤诚，用二百二十八块银元，在黄浦江畔建起一所名为 "大同"的学堂。从此"为国育才"播撒桃李芬芳。

2012 年，在大同中学百年华诞的历史时刻，一座"大同校友砖艺术墙"在这百年学府拔地而起。这是一座具有特殊意义的学子之墙，从创意、设计到制砖，从一块校友砖到一面校友墙，全部是由大同历届校友倾心打造。这是一座饱含深情的精神之墙，一块块"校友砖"层层垒起一座校友墙，蜿蜒起伏，峰回路转，每一块校友砖上都刻有大同校友的姓名、入校年份和对母校的留言。

2016 年，"校友砖艺术墙"的姐妹篇——"大同校友砖读书廊"诞生了！

读书廊建于校园西北一隅，在 2004 届校友杨虓"校友砖"创意理念的基础上，由 1984 届校友、同济大学建筑与城市规划学院杨贵庆教授担纲设计。造型呈北斗七星，蜿蜒大气，似星辰般洒落。七大星辰皆由校友砖层层垒砌，呈四向垂直延伸，犹如一颗颗闪烁的恒星。北斗象征着方向的指引，寓意大同学子铭记"笃学敦行、立己达人"的八字校训，志向高远，目标明确；同时也昭示着大同人"仰望星空、脚踏实地"的操守与坚持。

"读书廊校友砖"的召集令一经发出，便获得了校友们的踊跃报名。从知名校友到普通师生，他们以具有纪念意义的数字"二百二十八元"为基础，把他们对大同的情感化为一块砖，在母校的土地上留下永久的"烙印"。

"育人育德百余年，立业立志传四方""世界大同，梦开始的地方""大同，一生的奉献，一生的追求""砖砖律动薪火传，海上谁人比壮观？我辈刻石当记取，一生莫忘大同天"……校友砖上那一句句感心动耳的留言，承载着不同历史时期的"大同精神"，也书写着百年大同挥斥方遒的志向。

盛雅萍校长指出："每一位校友都是平等的，校友砖的意义，不在于其金钱价值，而在于捐赠者的心意以及身为大同人的荣誉感。它们是大同历史的传承，文化的延续！是大同精神的根与魂，是大同人心中共同的梦！"

全校师生发起了"大同校友砖读书廊"创建记的征文活动，千余名师生用文字吹响了感恩母校的集结号，所有的创建记都被收入校史馆，永远留下了大同师生对家国、对校园的赤子情怀。

百年大同，薪继火传……，从"校友砖艺术墙"到"校友砖读书廊"，承载着更为丰富的内涵，续写着崭新的华章。

漫步在读书廊绵延的小径，天地的自然，四时的序列，万物的生长，仿佛都融于这条时光长廊上，时刻提醒着学子们，珍惜光阴，只争朝夕。

你看！七个校友砖砌成的读书角，"足球"社团、"跳高"社团、"交响乐"社团、"民乐"社团、党章学习小组、学生社团和团学联，校园文化丰富多彩！真可谓：绿茵生辉，志存高远，中西融汇，源远流长，立德树人，雅集趣荟，海纳百川！构成了一幅如同"北斗七星"般的长廊画卷！那不正是母校带着学子仰望星空，为他们指引方向的生动写照！

你看！焕然一新的葡萄架依傍着校友砖，重新回到大同的校园。那骨格俊朗，硕果累累的葡萄架，把艰辛和困难埋在地下，把甜蜜和芬芳洒向天空的朵朵葡萄，不正是大同精神的高度浓缩！

你看！缠绕的紫藤花，寄满了乡情和感恩；舒展的银杏树，写满了进取和向往。"笃学敦行、立己达人"，一代又一代大同学子，漫步由校友捐赠并写下名字留言的校友砖读书廊，让书香四溢、让胸怀远大！

任时光流逝，这融入血液中的大同气质与大同精神，会如同这鲜红的砖块永远不老，永远扎根在大同的校园深处，永远扎根在每个大同人的心灵深处！

在大同校园蜿蜒的林荫小道上，在那片曾经绿藤萦绕的大同葡萄架下，建起一座"大同校友砖读书廊"，让书香和文脉永远伴随着大同学子的成长。

校友的理想于是在大同校园内落地生根，从"校友砖艺术墙"到"校友砖读书廊"，承载着更为丰富的内涵，续写着更为崭新的华章。徜徉书香，饮水思源。"校友砖读书廊"承载着大同的历史文脉和万千校友的母校深情，一块块校友砖将大同的文化火种播撒在一届又一届莘莘学子的心田，留下文化烙印，刻下心灵印痕。它们是大同历史的传承，是大同精神的根与魂，也是大同人心中共同的梦！

设 计 篇

3 校友砖艺术墙的整体设计思路

3.1 基地条件与考虑因素

3.1.1 基地条件

    校友砖艺术墙的基地位于校园教学区实验楼南侧，在时行楼（综合楼）和自得楼（实验楼）之间一条狭长的通道旁，紧自得楼南侧外墙（如图 3-1 中的红色标注部分）。基地东、西方向总长 42.3 米。但是由于这一条东西向的通道是师生从教学区（明德楼、近取楼）通往东侧"三成楼"（一、二层设置师生餐厅食堂）的主要路径，必须保留原有的通道宽度，因此，校友砖艺术墙的实际可用场地宽度仅为 2.3 米。

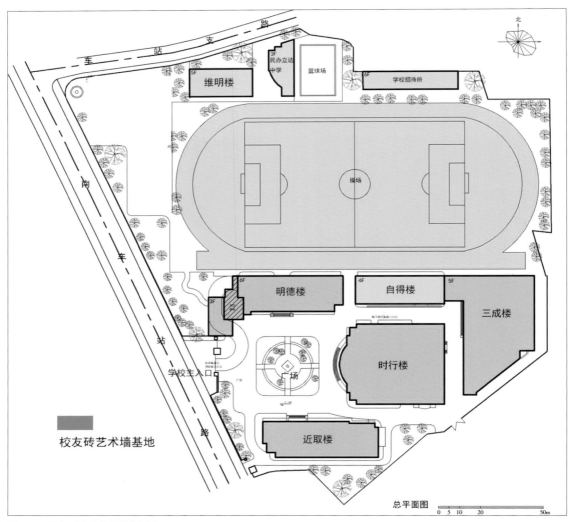

图 3-1　校友砖艺术墙基地位置图

此外，由于基地南部有 7 层时行楼的遮挡，这一通道基本上在时行楼的阴影区内，只有午后从西南侧有阳光照入，因此，基地整体上属于在大楼的阴影区内。

总体来看，校友砖艺术墙的基地条件对于设计创作来说是十分苛刻的。设计必须克服以下两个基础性的不利因素：①如何打破狭长空间所带来的单调氛围？显然，在其北侧自得楼、南侧时行楼既有的狭长空间中再加入一条普通直线形、带状的校友砖艺术墙，将给这一狭长空间更增加单调乏味的气氛。②如何打破在两个大楼阴影区内带来压抑感的不利因素？显然，需要采取独特的设计手段来增加这一通道的"亮色"。

3.1.2 造型设计需考虑的因素

在设计上需要考虑的与基地构思相关的重要因素包括：

（1）校友砖数量。由于百年校庆将吸引大量校友前来"添砖"，除了个人签名砖之外，还有以班级名义添的"班级砖"，大量的校友砖是否足够容纳在艺术墙内？虽然今后还将考虑其他校友砖艺术形式，但是对于 2012 年百年校庆来说，一次性足够容纳已接收到的添砖要求，是设计需要考虑的因素。

（2）克服传统心理上障碍。虽然以校友砖艺术墙来体现校友与母校之间关爱情结是一个十分积极、有创意和有意义的新事物，但是也许在一部分人的传统意识中会联想到名字上"墙"的负面含义。因此，设计创作的"墙"的形式，应当有别于一般概念中的"墙"，不仅在取名上采用"艺术"这一提法，而且在实际造型上应当有别于传统概念中的一道"墙"的形式。设计应当采用一种崭新的创意造型，让前来参观者在第一时间看到的时候，就感觉到这绝不是传统概念中的墙，而是一个让人欣喜、令人振奋的艺术品，是校园文化的新景观。

（3）避免对北侧自得楼一层实验教室采光和视线的遮蔽。一方面，校友砖艺术墙的设置既要考虑自身景观的通透性，不可过于封闭，这也是其北侧紧邻一层实验教室室内采光、通风的要求；但是另一方面，校友砖艺术墙的设置也不可过于开敞，以避免参观人群对室内教室正常教学秩序的影响。因此，适度的通透和灵活的界面，是对艺术墙造型设计的要求。

（4）留出对既有自得楼室外空调外机修理、更换的操作通道和场地。经过现场基地踏勘，基地内沿着自得楼一侧已经装置了若干空调机的外机，为了便于室外机今后的维修和更换，需要预留操作的通道和场地，避免因为设置艺术墙而阻碍了这一需求。

（5）避开基地内既有的给水阀门井、污水窨井、电线井等设施的位置，留出既有消防栓的操作空间。经调研踏勘，基地内还有若干地下管网的检修和操作井盖，包括给水阀门井、污水窨井和电线检查井等。艺术墙的设置需要避开这些设施，不可损坏既有的管网设施。此外，在基地西侧、自得楼入口位置还有消防栓设施，艺术墙的设置必须考虑消防栓的操作场地，符合消防要求。

（6）结构安全的因素。由于结构稳定和安全的要求，一方面，从墙体纵向受力要求来看，校友砖艺术墙的总体高度需要有一定的限制，而且墙体的基础部分需要专门的稳定处理。

另一方面，从墙体横向受力要求来看，校友砖艺术墙除了自身设置的稳定性之外，还需要考虑横向受到撞击力的影响。

3.1.3 造型设计需体现的要素

（1）校友砖是艺术墙的主要构成内容，因此，每一块刻有校友签名的校友砖的正面，必须具有较好的视角。即便因为艺术墙整体造型的要求而对部分校友砖进行一定角度转换，也需要保证校友砖正面的可视度，以便校友查询、拍照留念。

（2）需要体现校友砖艺术墙主题名称的位置。造型设计中需要考虑在适当的位置，体现"大同中学"本身的字样，并且需要考虑汉字、拼音同时展现。

（3）个人签名砖和班级砖同时都需要考虑放置。由于班级砖的大小是每一块签名校友砖的4倍大，因此，在整体造型设计中需要考虑合适的位置放置班级砖，并且与个人校友砖做好衔接。

（4）适当考虑校友入学的时间序列，但不考虑社会影响或职位的特殊性，充分体现每一位校友平等的理念。

以上针对"造型设计需考虑的因素"和"造型设计需体现的要素"，形成校友砖艺术墙的设计任务书。这是开始构思校友砖艺术墙造型设计的理性思维。只有基于这些理性思维并满足这些要求之上的造型创意设计，才能够满足一个成功作品的功能要求，也是必备的要求。接下来，创意设计的过程，既要时时提醒设计师自己是否满足了上述必备的要求，同时，又需要畅想思维。什么样的造型才能够足以表达"大同"校友砖艺术墙的文化内涵，同时又符合功能的需求？在接下来的一节中将重点阐述创意设计的构思。

3.2 创意设计构思与草图

3.2.1 校友砖砖块的特征

每一块校友砖的尺寸为：25cm（长度）×15cm（高度）×10cm（厚度），呈矩形立方体，单砖效果见图3-2。在方案比选的过程中，还另外设计了一款比选方案，见图3-3、图3-4、图3-5。由于砖面上需留出更多空间来刻写校友对母校的留言，因此，最终方案选择了图3-2的形式。

砖块长方形体块的特征，可以通过直线与折线形的搭配组合产生空间变化的效果。场地狭长空间的限制，不利于曲面的搭接，而折线形组合搭接可打破单一直线形的呆板单调。

同时，折线形组合搭接，在转折处可以通过砖块组合起到"构造柱"的效果，避免了单一直线在结构上的不稳定性。

而且，折线形搭接可以增加总体线型长度，从而增加校友砖砖块的数量，为满足校友舔砖需求提供可能。

此外，折线形还可以起到在基地内有效避开地面既有水、电等管网基础设施的冲突，并

图 3-2　校友砖单砖效果图　　　　　　　　　　　　图 3-3　校友砖单砖效果图（比选方案）

图 3-4　校友砖单砖效果图（比选方案）　　　　　图 3-5　校友砖单砖效果图（比选方案）

可预留出空间给予空调等设施的维修和更换。

因此，根据校友砖砖块本身的特征，产生了通过折线形方式搭建校友砖的基本构想。

3.2.2　整体造型设计的由来

总体上看，在这一狭长的基地内设计一处校友砖艺术墙，需要有一气呵成的整体感和灵动感，造型的要素应简洁、纯粹、大气。这就要求做到以下三方面。

（1）校友砖的颜色要求：既要保持与自得楼墙体色彩整体协调，形成呼应，又要具有校友砖本身的独特性。

（2）整体感：在校友砖色彩要求的基础上，造型设计需要有比较强烈的节奏感和连续性，因此，折线形组合搭接的造型可以满足这一要求。折线形的搭接，可在立面上产生一连串的的光面与暗面的组合，西南面入射的阳光可产生连续的光影效果，形成序列和节奏。即使是阴天没有阳光的时候，由于连续折线的转折，也将产生组合序列的节奏（图 3-6）。此外，在夜晚地灯的照射下，整体艺术墙光影的节奏和连续性也是强烈的。

（3）灵动感：灵动感是在理性和逻辑基础上的变化。这种变化具有约束和克制，否则将产生变化过多、零乱的感觉。因此，在校友砖艺术墙沿着狭长空间"横向"铺陈展开的时候，需要"纵向"的适当变化。这种变化即呼应连续感的节奏，同时产生波浪形的提示，产生"抑、扬、顿、挫"的节律，丰富浪漫的气息，从而产生造型的灵动性（图 3-7）。

总体上说，在一块长 42.3 米、宽 2.3 米的狭长基地，采用富有动感的折线方式，打破了传统直线墙体的呆板感觉，也可以联想到中学物理学中的"振动波"。校友砖层层垒起蜿蜒

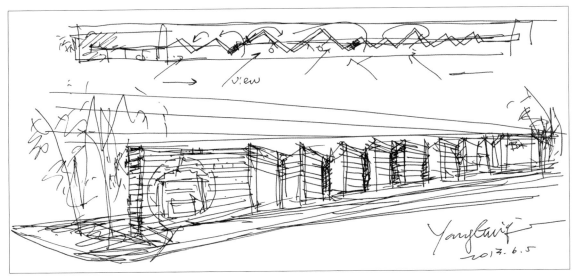

图 3-6 校友砖艺术墙设计构思草图：透视效果

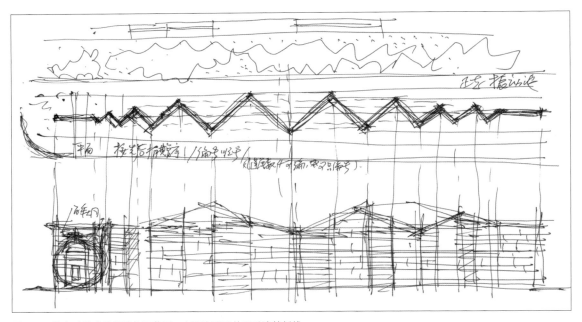

图 3-7 校友砖艺术墙设计构思草图：立面和平面的双重连续折线

曲折，也可让人联想到形成"艺术波"，由大大小小折线组成的墙体，又与"心电图"的曲线图案不谋而合，如脉搏跃动般有力，象征着校友们的心与母校共律动。

从西侧（主要入口）向东延展，校友砖的排列适当考虑校友入学的时间序列，但不考虑社会影响或职位的特殊性，以充分体现每一位校友平等的理念。由于班级砖的大小是每一块签名校友砖的4倍大，在整体造型设计中，将班级砖放置在墙体的底部，形成一个整体的铺垫，也象征着以集体荣誉为基础的含义。

在西侧和东侧两端的艺术墙主题提示部分，各有中文"大同"及英文"DA TONG WORLD"的字样，体现了大同中学校园景观的特征和"天下大同"的理念。

采用秀竹掩映的独特设计体现着中国古典园林的雅趣，光与影结伴滑过砖块的空隙，一层一层地细数时光的脚步。到了夜晚，在灯光的映衬下，校友墙更透露出深沉的气质，洒落下美妙的光影。

通过采用与校友砖相同大小的彩色砖，砖墙的阳角处勾勒出转折的节点，不断提升变化的节奏；局部彩色砖的点缀，展现出彩虹的色谱，在砖墙的阴角起伏波动，不仅增强了连续的动感，而且对于提升整体"亮度"起到关键作用，从而打破了在两幢大楼之间阴影区内的压抑感。此外，搭配协调的彩色砖也寓意在校学生多姿多彩的青春花季，七彩砖跳跃于红砖墙上，如同多彩的校园生活，焕发出勃勃生机，时时告诉人们："校友砖艺术墙"既属于毕业的历届校友，也属于在校的莘莘学子！

总体上看，校友砖艺术墙的设置，与镌刻着39位两院院士名字的"大同院士墙"遥相辉映，书写着百年大同挥斥方遒的志向和桃李天下的梦想。

3.2.3　针对必备功能要求的设计

（1）折线型的组合搭接，延长了校友砖艺术墙总的长度，可以有效增加校友砖数量。通过对申请2012年百年校庆添砖校友数量的比照，可一次性足够容纳已接收到的添砖要求。

（2）折线型组合搭接的形式，加上立面和平面上的丰富变化，形成一道艺术墙的造型印象，让参观者在第一时间看到的时候，就感觉到这绝不是传统概念中的墙，而是一个让人欣喜、令人振奋的校园文化新景观，这从根本上克服传统心理上障碍。

（3）艺术墙整体走向上的"大折线"与校友个人砖摆放的"小转折"相结合。砖的搭接处又留出了适当的空隙，一方面使得墙体空灵剔透，又便于观赏者了解砖墙背后的动静，并可避免在教室中的学生课余眺望视线的受阻。避免对北侧自得楼一层实验教室采光和视线的遮挡，满足其北侧紧邻一层实验教室室内采光、通风的要求；适当的遮蔽，避免了参观人群对室内教室正常教学秩序的干扰。

（4）结合既有的大楼室外空调外机位置，留出了3处小通道，便于空调外机修理、更换的操作通道和场地。

（5）通过折线型的转折，有效地避开基地内既有的给水阀门井、污水窨井、电线井等设施的位置，留出既有消防栓的操作空间。

（6）从安全上考虑，转折的墙体在转折处通过砖块的搭接形成"构造柱"的作用，可以增加墙体的稳定性。校友砖之间的搭接也极富趣味，可在整体秩序中显现出内部的动感，而高低起伏的轮廓线变化，活泼和有序相得益彰，恰到好处地与观赏者的角度形成呼应。此外，采用外墙大理石胶作为砖块之间的黏结剂，十分牢固，保证了墙体横向受力的要求。

3.3 设计方案与总体效果

3.3.1 设计方案

根据上一节阐述的设计理念，方案组绘制了总平面方案图（图3-8）、立面方案图（图3-9）以及设计方案的效果图（图3-10）。在实施方案中针对具体的用地条件进行适当修改完善。

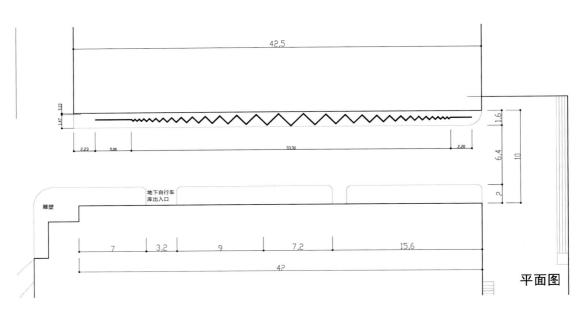

图 3-8　校友砖艺术墙设计总平面方案图

图 3-9　校友砖艺术墙设计立面方案图

图 3-10 校友砖艺术墙设计方案效果图

3.3.2 总体效果

以下图 3-11 至图 3-14 是建成之后的总体效果。其建造过程在第 5 章 5.1 节中具体讲述。

图 3-11 校友砖艺术墙实景效果一：从西侧主要入口看校友砖艺术墙整体景观效果

图 3-12 校友砖艺术墙实景效果二：校友砖艺术墙西侧主入口"大同"主题标识

图 3-13 校友砖艺术墙实景效果三：老校友返校查找到了自己的签名校友砖

图 3-14 校友砖艺术墙实景效果四：校友砖艺术墙整体俯视效果

4 校友砖读书廊的整体设计思路

4.1 基地条件与考虑因素

4.1.1 基地条件

校友砖读书廊的基地位于校园西侧，基地西侧紧邻校园围墙，围墙之外是城市干道南车站路；基地东侧是大操场；南侧连接学校主入口和明德楼，北侧连接维明楼等学生宿舍区。基地总体上呈现沿南北方向狭长的不规则形态，其中，沿着南车站路围墙的场长度约 120 米，基地中段东西方向宽度为 20 米至 30 米不等（图 4-1）。

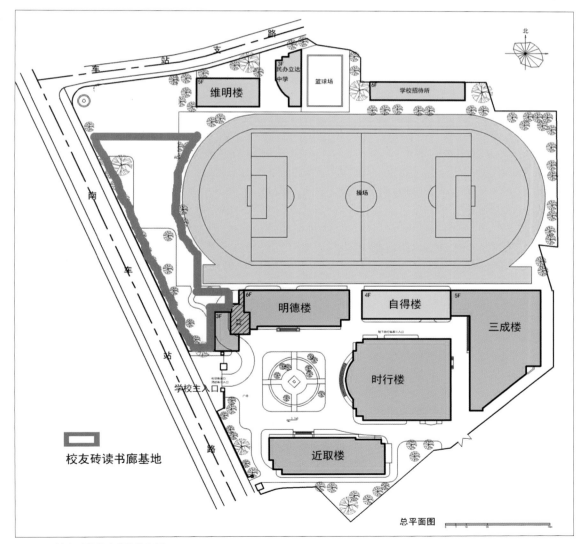

图 4-1 校友砖读书廊基地位置图

在校友砖读书廊建设之前，基地内除了南北方向有一条约 5 米的直线型通道外，多为各类树木种植，种植密度较大且杂乱，难以多人进入其中，因此也难以开展室外活动。

4.1.2　造型设计需考虑的因素

针对基地现状条件的踏勘考察，校友砖读书廊的造型设计需要考虑如下的因素：

（1）通道功能。建成之后的校友砖读书廊必须要考虑原有的南北方向通道功能，即从南侧教学区通往北侧宿舍区的道路。其宽度与原有宽度基本保持一致，不一定采用笔直的线型，但原则上要求线型顺畅，方便步行交通联系。

（2）校友砖构成的读书廊活动区。读书廊的功能是校园文化景观建设的主题，即通过校友砖的搭建，构成学生读书活动和社团交流活动、学生之间、老师之间和师生之间交流的场所，这是在教室和宿舍之外的"第三场所"空间，对于学生的课余活动和独立思考来说非常重要。

（3）恢复校园记忆"葡萄架"。曾几何时，大同中学校园内就有一条"葡萄架"的通道，承载了多少学子和老师的校园生活记忆！但是由于校园环境改造，过去的"葡萄架"消失了。根据访谈了解到，校友们对恢复"葡萄架"廊道的呼声比较高。因此，本次建造需要将"葡萄架"廊道的要素考虑进去，而且还需要根据之前的材料和样式进行恢复，从而承载大同人的校园"乡愁"。建成之后"葡萄架"与校友砖搭建的读书廊在空间流线上形成有机结合，组成一个整体空间环境。

（4）保留好基地内的高大乔木。根据现场踏勘，基地内有若干棵高大乔木，十分珍贵，新的规划设计在场地布局方面需要保留好这些乔木，并将之有机组织于新的读书廊环境中，形成浑然一体的效果。

（5）保留好基地内的足球运动员雕塑。基地内有一处以足球为主题的运动员雕塑，这是独特的大同足球校园文化的标志。然而，之前的雕塑放置并没有形成较好的观赏和聚会活动场地，因此，新的场地规划设计需要将之有机融合到读书廊的整体环境之中，并围绕这个足球运动员雕塑形成一个观赏和小型聚会空间。

（6）保留好基地内的一棵国际办学"纪念树"。根据实地踏勘，基地内有一棵上海市大同中学与墨尔本翩丽艾森顿文法学校（Penleigh and Essendon Grammar School, Melbourne）缔结友好学校二十周年的纪念树（1989-2009），是于 2009 年"邻人与友人"主题年活动栽种的。之后，又陆续开展了两校之间的交流活动。然而，由于场地内树木过于密植，这棵纪念树周围观赏和活动空间十分局促。因此，新的场地布局应该将其作为一个设计要素来统筹考虑。

（7）考虑今后校友砖数量的扩充。为了迎接 2017 年大同中学建校 105 周年，在 2012 年举行建校 100 周年校庆之后的 4 年中，又有大批校友前来报名"添砖"。加上班级砖、以及学生课外兴趣组织社团等集体添砖，读书廊的校友砖需要合理分布。此外，由于此次基地规模较大，可以容纳更多校友砖，如果既有收到申请的校友砖总数无法满足建造的话，需要采用一定数量的普通校友砖（不刻有名字的校友砖）填补，从而考虑到"近、远结合"，考虑今后增加添砖的可能性。因此，读书廊造型中的部分区域应考虑今后二次搭建的可能性。

4.1.3　造型设计需体现的要素

作为校友砖读书廊，在造型设计过程中需要体现的要素包括：

（1）校友砖正面需要较好的可视性。与之前的校友砖艺术墙一样，读书廊采用的校友砖是其主要构成内容，每一块刻有校友签名的校友砖的正面，应具有较好的视角。即便因为整体造型的要求对部分校友砖进行角度转换，也应当保证校友砖正面的可视度，并可以适当的高度和角度进行拍照留念。

（2）需要体现校友砖读书廊主题名称的位置。造型设计中需要考虑在适当的位置，体现"校友砖读书廊"的字样和创建记，中英文对照。

（3）需要同时考虑放置个人签名砖和班级砖。在整体造型设计中需要考虑合适的位置放置班级砖，与个人校友砖做好衔接。

（4）考虑同一班的校友砖尽可能放置在同一区域。有校友在申请添砖的同时，专门提出把当年的同学校友砖放置一起，以便更加凝结当年同学友情。也有一家两代人同是校友的添砖申请，要求校友砖放置一起，这些要求都需要在建造时一并考虑满足。

以上针对"造型设计需考虑的因素"和"造型设计需体现的要素"，形成"校友砖读书廊"的设计任务书。这是开始构思造型设计的理性思维。只有满足这些要求，造型创意设计才能称得上是一个成功的作品。接下来，创意设计的畅想思维过程，需要时刻对照上述必备的要求。那么，什么样的造型才能够充分表达"大同"校友砖读书廊的精神文化内涵？在接下来的一节中将重点阐述创意设计的构思。

4.2　创意设计构思与草图

4.2.1　校友砖读书廊单元体设计

与校友砖艺术墙一样，校友砖读书廊的基本构成材料是校友砖。砖材的规则矩形和受力特点，决定搭建的基本逻辑。如何构建既结合场地条件、又满足"读书"和"谈心交流"这一类半私密、半开放的空间环境？这需要构思一个"基本单元"，是由校友砖搭建而成的读书廊的基本单元。图4-2是对于这一基本单元的最初构思，图中"风车型"比较契合这一要求，4个方向的墙体组合而成一个基本单元，单墙之间通过中间交接部分的搭接而形成一个整体，起到较好的稳定性，而且，其中两道墙之间围合而成一个相对独立小空间，放置一个长条坐凳（由空白校友砖搭建而成），理论上可以形成4个相对安静的读书和交流的小场所。这个基本单元可以根据场地条件可大可小，4个方向的墙体长度、高度也可不必相同，比较灵活的布置。此外，根据总体布置的构思需要，基本单元可以分布在基地内的各个地方。

此外，基本单元墙体的搭建，也同样采用校友砖艺术墙的方法，即单个砖的方向可以交

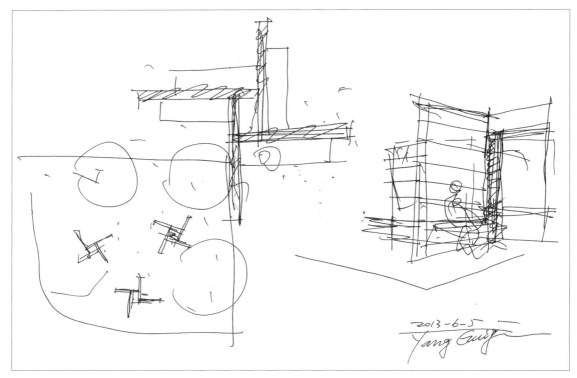

图 4-2 校友砖读书廊单元设计构思草图

错形成不同角度，从而留出砖与砖之间的空隙。这样既避免了墙体封闭单调，又可以适当看
到另外相邻小空间的人影和动静，不至于小空间过于封闭而带来不安全感。图 4-3（a、b）
校友砖读书廊单元的工作模型，展示了基本单元的设计效果。

（a）

（b）

图 4-3　校友砖读书廊单元工作模型（a、b）

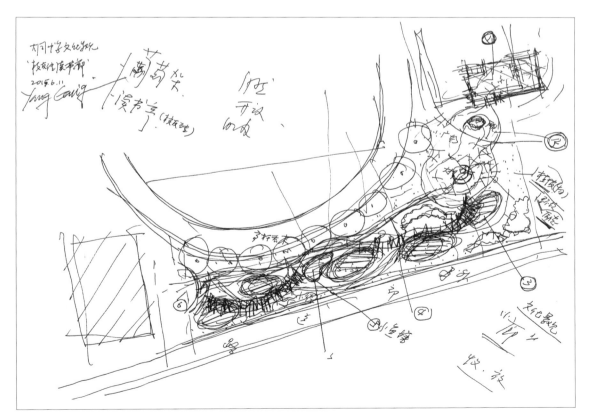

图 4-4　读书廊总体布局设计构思草图

4.2.2　校友砖读书廊整体布局设计

　　校友砖读书廊整体布局考虑两条步行路径，第一是满足从教学楼和宿舍区之间往来的直接通道，保障基本通顺和便捷，节省通过的时间；第二是建构葡萄架廊道步行路径，并同时连通校友砖读书廊的基本单元，而第二条路径线型需要曲折蜿蜒，步移景异，是师生课余闲暇时散步慢行的路径。在上述两条步行路径之间，可以自由组合安排读书廊基本单元。图 4-4 草图反映了总体布局设计的构思。

　　对于校友砖读书廊基本单元的布置，需要融入总体设计的创意内涵，即"仰望星空 - 北斗七星"的宏伟格局，是年轻学子望远星际、胸怀世界的壮观大气。由此，读书廊基本单元造型呈北斗七星，蜿蜒连线，似星辰般洒落。七大星辰皆由校友砖层层垒砌，呈四向垂直延伸，犹如一颗颗闪烁的恒星。北斗象征着方向的指引，寓意大同学子铭记"笃学敦行、立己达人"的八字校训，志向高远，目标明确；同时也昭示着大同人"仰望星空、脚踏实地"的操守与坚持。图 4-5 反映了北斗七星读书廊单元的分布设计构思。

　　此外，为了丰富校友砖读书廊南北方向主体通道的文化内涵，在通道地面砖材铺设中考虑设置了"大同校庆 105 周年"和二十四个节气字样的内容。图 4-6 和图 4-7 是校庆 105 周年砖和节气砖的构思草图。大同学子成长之路与读书廊相伴，行走其间，历经刻有二十四节气的彩色瓦砖，天地的自然，四时的序列，万物的生长，润物无声，似劝勉大同学子只争朝夕，脚踏实地，争当时代有为青年。

　　总体上看，校友砖读书廊的设计将达到这样的景象："午间的校园绿意盎然，校园内那温润大气的红色砖墙与之相得益彰，独具韵味。步履匆匆的学子不禁止步伫立，砖墙上那一句句感心动耳的话语好似在向学子述说着它的故事，学子们似品读、似静思。它是大同学子的乐园，也是大同校友心中的家园。近而观之，构成星辰基座的砖墙由一块块校友砖相叠而成，校友砖上镌刻着校友的姓名、入校年份和对母校的留言。他们将点点心意融入大小相同的一块块砖内，诉说着各自的大同情缘，寓意为母校发展'添砖加瓦'。每一个大同人不论高低贵贱，只要心系母校皆可为母校添砖，因为红砖面前，人人平等。继而前行，林荫小道上，老校舍中那曾令万千校友流连的葡萄藤架已重回大同校园，这是对大同历史的继承，也是对万千校友的情系。读书廊两侧，苍松翠柏，激人以向上；池塘流水，育人以灵动；茂林修竹，教人以气节；蒲桃紫藤，儆人以奋发。"

4.2.3　针对必备功能要求的设计

　　（1）基地内设置一快一慢的两条步行通道，来满足通道便捷行走和徜徉漫步的多功能需要。

　　（2）安排 7 处校友砖读书廊基本单元，构成的读书廊活动区小空间场地，成为校园内师生交流活动的"第三场所"。

　　（3）结合校友砖读书廊基本单元融合"葡萄架"布置，一气呵成，形成校园文化"乡愁"的物质空间载体。

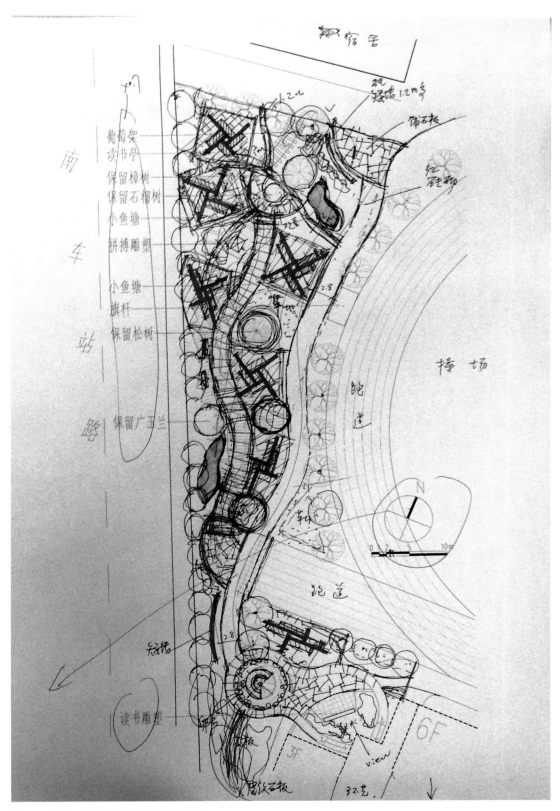

图 4-5　读书廊总体布局设计深化方案草图

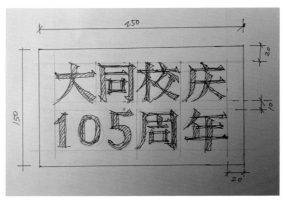

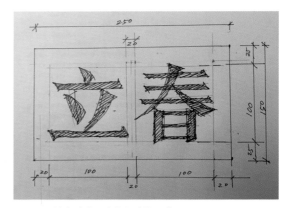

图 4-6 校友砖读书廊铺地周年砖构思草图

图 4-7 校友砖读书廊节气砖构思草图

（4）新的场地布置充分考虑保留既有的高大乔木，并充分利用乔木的位置布置路径和活动节点，形成有机整体。

（5）以基地内足球运动员雕塑为依托，将"葡萄架"的走向贯穿这一雕塑，形成较好的视觉对景，并留出观赏和小型聚会的空地。

（6）以基地内国际办学"纪念树"为依托，将"葡萄架"的北侧开口直接对向纪念树，形成景观对照，从而强化了纪念树的重要性，此外，留出一定的观赏和围绕纪念树活动的空间，为今后国际教学交流提供了温馨的场地。

（7）考虑今后校友砖数量的扩充，将校友砖读书廊基本单元的墙体尽量延展，充分留出墙体顶部，暂时由空白砖搭建，为今后校友添砖预留位置，满足今后在其顶部区域二次搭建的可能性。

4.3 设计方案与总体效果

4.3.1 设计方案

根据上一节阐述的设计理念，方案组绘制以下的总平面方案图（图 4-8）、校友砖读书廊施工单位深化了技术性图纸（图 4-9 至图 4-14）、设计小组深化了设计方案的效果图（图 4-15 至图 4-29）以及周年砖（图 4-30）和节气砖（图 4-31）。在实施方案中针对具体的用地条件进行了适当的微调。

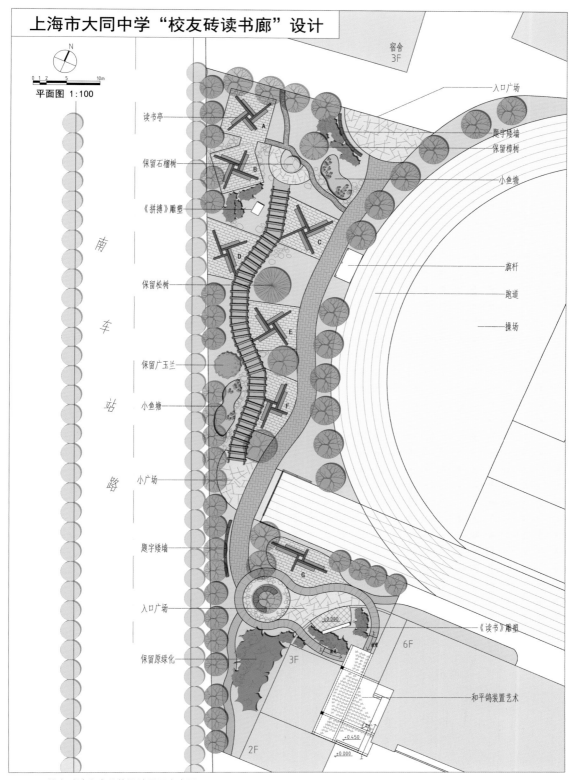

图 4-8 校友砖读书廊总体设计平面方案图

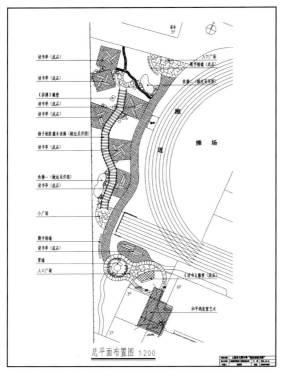

图 4-9　总平面布置图

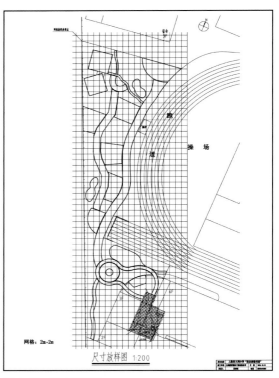

图 4-10　尺寸放样图

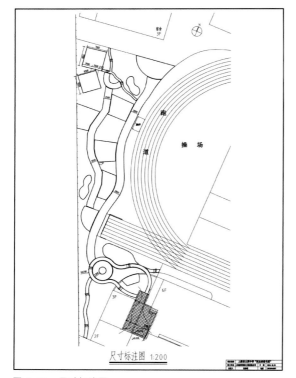

图 4-11　尺寸标注图

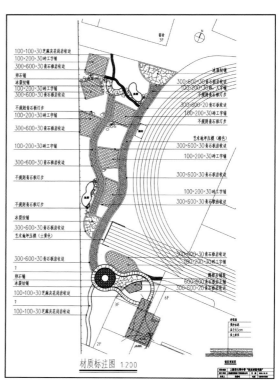

图 4-12　材质标注图

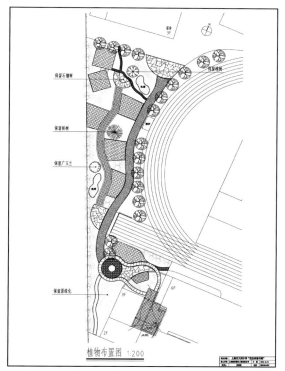

图 4-13　植物布置图

图 4-14　葡萄架和鱼塘设计图

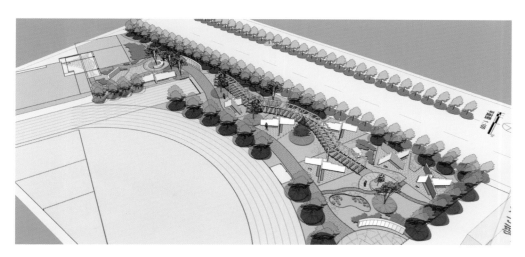

图 4-15　从北侧向西南方向鸟瞰

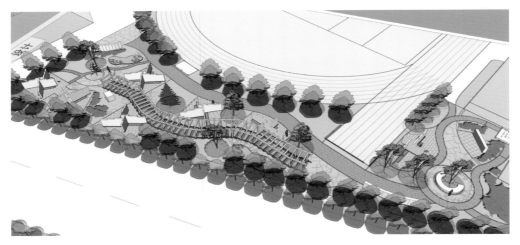

图 4-16　从西侧鸟瞰

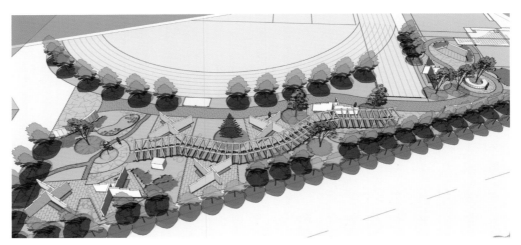

图 4-17　从西侧向东南方向鸟瞰

图 4-18　从东侧大操场向西侧鸟瞰

图 4-19　从东侧大操场向西北方向鸟瞰

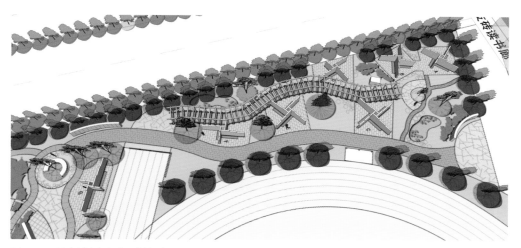

图 4-20　从东侧大操场向西侧鸟瞰

图 4-21　南侧入口处

图 4-22　读书廊局部

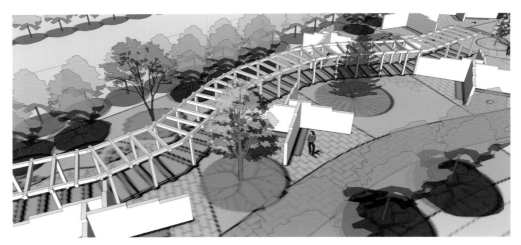

图 4-23　葡萄架与读书廊基本单元关系

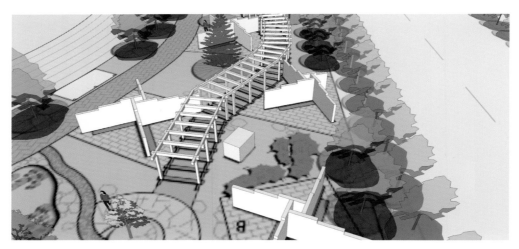

图 4-24　葡萄架、读书廊基本单元与足球雕塑关系

图 4-25　葡萄架局部

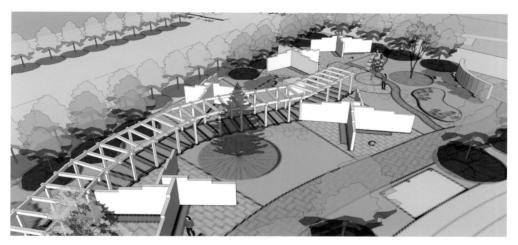

图 4-26　葡萄架、读书廊基本单元与保留乔木关系

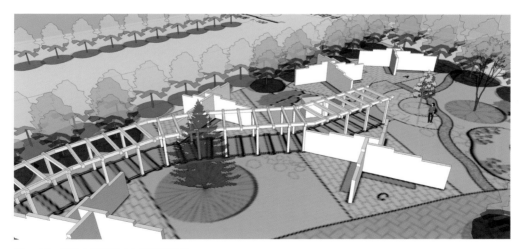

图 4-27　基地内保留乔木与葡萄架关系

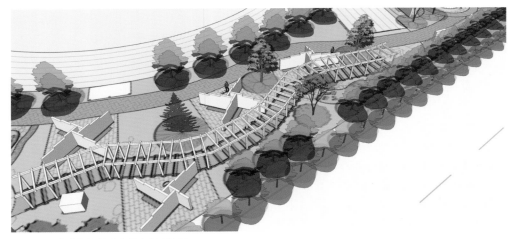

图 4-28 葡萄架与读书廊基本单元关系

图 4-29 葡萄架与读书廊基本单元关系

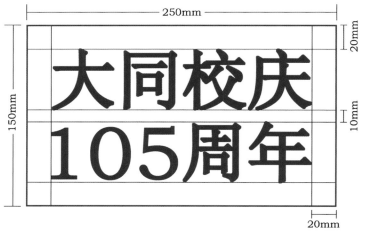

图 4-30 校庆 105 周年砖设计图

图 4-31　二十四节气砖设计图

4.3.2　总体效果

　　以下图4-32至图4-38是建成之后的总体效果。其建造过程将在第6章6.1节中具体实录。

图4-32　从校友砖读书廊南入口主题墙看葡萄架

图4-33　校友砖读书廊南入口主题墙

图 4-34 校友砖读书廊北入口导引墙

图 4-35 校友砖读书廊基本单元组合实景

图 4-36 基地内葡萄架与校友砖读书廊关系

图 4-37 校友砖读书廊基本单元与主通道关系

图 4-38 校友砖读书廊基本单元校友砖搭建

实践篇

5 校友砖艺术墙建造过程

5.1 建造过程实录

5.1.1 施工方案图

  在设计方案确定之后，设计者与施工单位进行对接，确定了具体施工放线的确定尺寸。在不影响方案整体概念的前提下，按照场地内既有管线设施的实际情况对校友砖艺术墙的墙体曲折方向进行了适当调整，并在墙体适当位置留出了3个通道。在调整墙体曲折线型之后，整个造型显得更为自然、生动。

  图5-1至图5-4是根据场地条件微调之后施工单位绘制的墙体走向施工平面图，图5-5是墙体地基施工示意图，其中墙体基础部分，地面以下共60厘米深，基础宽60厘米，地基20厘米钢筋混凝土，配钢筋直径8毫米，纵向6根排列。

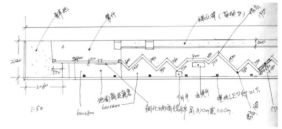

图5-1　校友砖艺术墙施工平面图1

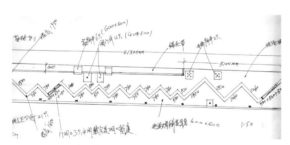

图5-2　校友砖艺术墙施工平面图2

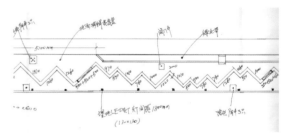

图5-3　校友砖艺术墙施工平面图3

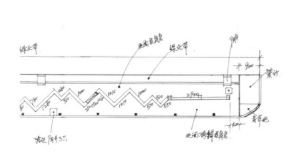

图5-4　校友砖艺术墙施工平面图4

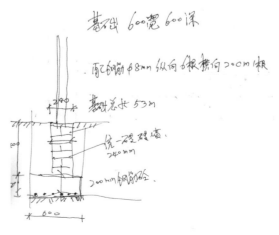

图5-5　校友砖艺术墙基础施工示意图5

5.1.2 校友砖选定

　　校友砖艺术墙征集令发布之后，广大校友积极响应。其中一名毕业多年的校友得知这个消息后，动员了在制砖厂工作的父亲承担起了制作砖块的任务。2012 年 7 月 10 日，校友砖创意策划者杨虓、校友砖艺术墙设计者杨贵庆和大同中学盛雅萍校长、杨明华老校长一行前往浙江省富阳市砖厂选定砖材（图 5-6、图 5-7）。砖厂方面还特意添置了几套模具加紧制砖，并及时把刻制好的校友砖运抵学校施工现场（图 5-8）。

图 5-6　盛雅萍校长（左二）、杨明华老校长（右一）和校友砖创意者杨虓（右二）、设计者杨贵庆（左一），专程赴浙江富阳制砖厂选砖

图 5-7　盛雅萍校长(中)、杨明华老校长(左一)和校友砖创意者杨虓(左二)、设计者杨贵庆(右二)和砖厂负责人在浙江富阳制砖厂确认校友砖样品及标准

图 5-8　制砖厂把刻制好的校友砖运抵学校施工现场

5.1.3 校友砖艺术墙基础部分建造

图 5-9 至图 5-14 是校友砖艺术墙基础建造过程的记录。

图 5-9 校友砖艺术墙基础部分建造 1

图 5-10 校友砖艺术墙基础部分建造 2

图 5-11 校友砖艺术墙基础部分建造 3

图 5-4 校友砖艺术墙基础部分建造 4

图 5-13 校友砖艺术墙基础部分建造 5

图 5-14 校友砖艺术墙基础部分建造 6

5.1.4 校友砖艺术墙墙体部分建造

图 5-15 至图 5-23 是校友砖艺术墙墙体部分建造过程的记录。

图 5-15　校友砖艺术墙墙体部分建造过程 1

图 5-16　校友砖艺术墙墙体部分建造过程 2

图 5-17　校友砖艺术墙墙体部分建造过程 3

图 5-18　校友砖艺术墙墙体部分建造过程 4

图 5-19　校友砖艺术墙墙体部分建造过程 5

图 5-20　校友砖艺术墙墙体部分建造过程 6

图 5-21　校友砖艺术墙墙体部分建造过程 7

图 5-22　校友砖艺术墙墙体部分建造过程 8

图 5-23　校友砖艺术墙墙体部分建造过程 9

5.1.5　师生参与建造

图 5-24 至图 5-30 是校友砖艺术墙建造过程中师生共同参与建造的记录。

图 5-24　校友砖艺术墙墙体部分建造过程 1　校领导亲临现场指导

图 5-25　校友砖艺术墙墙体部分建造过程 2　校领导亲临现场指导

图 5-26 校友砖艺术墙墙体部分建造过程 3 设计师杨贵庆现场
指导

图 5-27 校友砖艺术墙墙体部分建造过程 4 设计师杨贵庆现场
指导

图 5-28 校友砖艺术墙墙体部分建造过程 5 设计师杨
贵庆现场指导

图 5-29 校友砖艺术墙墙体部分建造过程 6 在校学生参与建造

图 5-30 校友砖艺术墙墙体部分建造过程 7 在校学生
参与建造

5.1.6 总体建成效果

图 5-31 至图 5-37 是校友砖艺术墙建造完成后的总体效果。

图 5-31 从西向东看校友砖艺术墙

图 5-32 校友砖艺术墙西端标识墙、草坪、竹子和消防栓位置关系

图 5-33 校友砖艺术墙西端"大同"标识区和转折部分关系

图 5-34　校友砖艺术墙中间部分搭接和彩色砖配置效果

图 5-35　校友砖艺术墙东端标识 "DA TONG WORLD" （大同世界）

图 5-36　校友砖艺术墙东端收口部分和竹子位置

图 5-37　从东向西看校友砖艺术墙

5.2　艺术墙创建记

　　校友砖艺术墙建成之后，大同中学组织开展了关于"校友砖艺术墙创建记"的征稿活动。在众多来稿中，有一份采用文言文形式的创建记脱颖而出，成为最终的入选作品。入选的"校友砖艺术墙创建记"中文如下：

　　　　壬辰金秋，大同华诞，校友萃聚，共襄期颐。百年大同，滋兰树蕙，英才颖秀，莘莘蔚蔚。不文不石，不足记百年人文之盛，且重游故地，易生感恩之心，情牵母校，常怀反哺之意。遂有校友砖艺术墙之动议。二零零四届校友杨琥初拟策划，一九八四届校友杨贵庆复成图稿。以砖代石，勒校友之姓名并留言于其上，方承摩崖之古意，叠垒成墙，谨识万千学子拳拳爱校之心。杏坛葳蕤，学圃丰泽，沪上首处校友砖艺术墙文化景观就此肇基。其恰与院士墙遥瞻，前贤后哲，相映相呼，平等进取，正足勉于后学。

　　　　　　　　　　　　　　　　　　　　　　　　　　　　　　大同中学
　　　　　　　　　　　　　　　　　　　　　　　　　　二零一二年十一月十八日

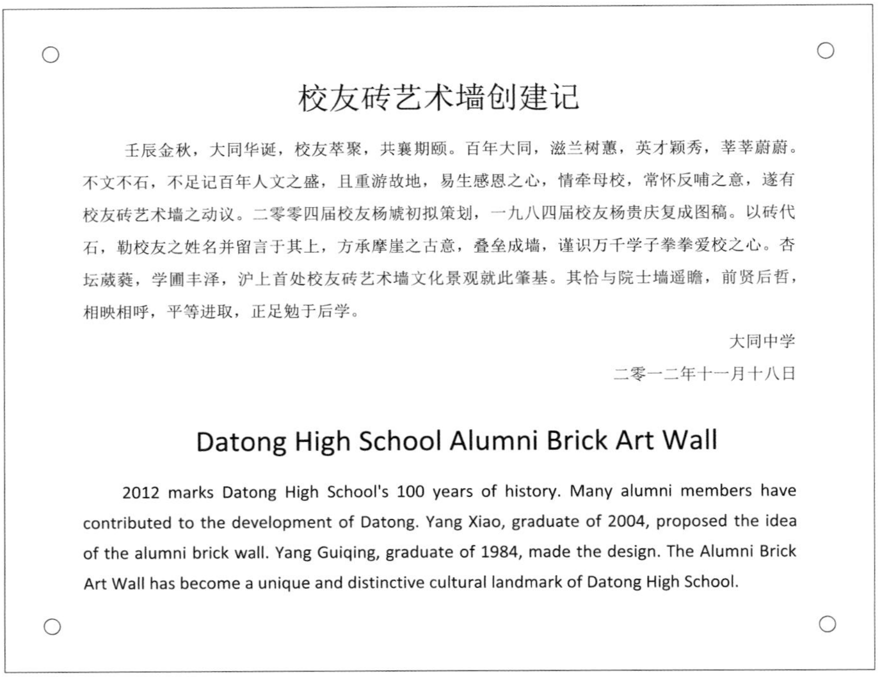

校友砖艺术墙创建记

壬辰金秋，大同华诞，校友萃聚，共襄期颐。百年大同，滋兰树蕙，英才颖秀，莘莘蔚蔚。不文不石，不足记百年人文之盛，且重游故地，易生感恩之心，情牵母校，常怀反哺之意，遂有校友砖艺术墙之动议。二零零四届校友杨虓初拟策划，一九八四届校友杨贵庆复成图稿。以砖代石，勒校友之姓名并留言于其上，方承摩崖之古意，叠垒成墙，谨识万千学子拳拳爱校之心。杏坛葳蕤，学圃丰泽，沪上首处校友砖艺术墙文化景观就此肇基。其恰与院士墙遥瞻，前贤后哲，相映相呼，平等进取，正足勉于后学。

大同中学
二零一二年十一月十八日

Datong High School Alumni Brick Art Wall

2012 marks Datong High School's 100 years of history. Many alumni members have contributed to the development of Datong. Yang Xiao, graduate of 2004, proposed the idea of the alumni brick wall. Yang Guiqing, graduate of 1984, made the design. The Alumni Brick Art Wall has become a unique and distinctive cultural landmark of Datong High School.

图 5-38　校友砖艺术墙创建记标识牌设计

这一篇文言文形式的创建记独具特色，既简练、清晰表达了大同中学校友砖艺术墙创建的整个过程，又展示了作为百年学校深厚的人文内涵积淀，还是一篇十分优秀的文言文学习材料，非常符合百年大同校友砖的艺术形式。此外，为了展示大同中学的国际化办学，创建记同时还配有英文，概要地表达了这一校园文化景观的建造过程和意义。图 5-38 是校友砖艺术墙创建记标识牌的排版布局。

校友砖艺术墙创建记标识牌的材料采用 1.2 厘米厚度的玻璃，通过蚀磨的方式在玻璃的反面刻制。制作完成之后放置在艺术墙西端的"大同"标识墙右侧，与"大同"标识相平行，采用 6 个不锈钢螺钉固定在砖墙上。由于玻璃材料具有通透的特性，因此，玻璃材料的创建记标识牌并不遮挡后面的砖墙质感，同时，蚀磨文字通过玻璃本身的毛糙体现出灰白的字体轮廓，与透明玻璃的材料区别开来，从而恰如其分地表达了创建记文字本身。图 5-39 是创建记玻璃标识牌的放置效果。

5.3　设计获奖

2012 年 11 月 18 日上海市大同中学百年华诞庆典活动，校友砖艺术墙作为一道独特校园文化新景观，迎接来自海内外的大同校友，产生了很好的反响。大同历届学子、退休教师纷纷响应添砖。当时，这座完全由校友创意、校友设计、校友制砖、校友添砖的校园景观以其律动的形态、错落的布置、灵动的色彩吸引了无数人的目光。

可喜的是，2013 年上海市教卫工作党委系统文明办，举行了首届"上海市普教系统十大校园文化新景观"评选，大同中学的"校友砖艺术墙"荣获榜首殊荣。2013 年 9 月 8 日

图 5-39　校友砖艺术墙创建记标识牌放置效果

晚 18：47 分，大同校友砖艺术墙专题片《守望 追梦》于上海教育电视台播放。

荣誉的背后，彰显的是"校友砖艺术墙"的深刻内涵。校友砖艺术墙不远处就是院士墙，它们都代表了大同中学百年来培养的优秀学子，传递的是一种平等进取的精神。对于正在大同就读的学生来说，校友砖艺术墙无疑也是一种无声的勉励，必将激励每一个大同的教师和学生奋发有为，笃学敦行，立己达人！

图 5-40 是大同校友砖艺术墙的获奖奖牌。

图 5-40　大同中学校友砖艺术墙获奖奖牌

6 校友砖读书廊建造过程

6.1 建造过程实录

6.1.1 校友砖读书廊场地整理和施工放线

在设计方案确定之后，施工单位进行施工图设计，并开展场地整理和放线工作。设计团队在施工放线过程中予以了全程指导，以确保设计构思落实到位。图 6-1 至图 6-6 是场地整理和施工放线过程的部分记录。

图 6-1　对场地整理和施工放线

图 6-2　场地内施工放线

图 6-3　施工放线留出场地内既有大树

图 6-4　对原有花坛改造留出通道

图 6-5　对原有花坛改造新加通道

图 6-6　总体考虑通道与读书廊单元位置

6.1.2　校友砖读书廊主要通道建设

图 6-7 至图 6-25 是主要通道建设过程的部分记录。

图 6-7　主要通道弧形走向和侧石限定

图 6-8　主要通道弧形走向与两侧关系

图 6-9　主要通道顺畅的弧形走向

图 6-10　主要通道地面考虑放置二十四节气砖

图 6-11　主要通道弧形走向避开基地原有乔木

图 6-12　主要通道地面彩砖和 105 周年纪念砖放置位置

图 6-13　主要通道与读书廊单元体场地关系

图 6-14　主要通道地面二十四节气砖样式

图 6-15　主要通道地面二十四节气砖和 105 周年校庆纪念砖放置

图 6-16　主要通道地面二十四节气砖和 105 周年校庆纪念砖放置

图 6-17　主要通道与葡萄架入口小广场

图 6-18　主要通道与两侧绿化

图6-19 主要通道与东侧绿化关系

图6-20 从北向南看主要通道

图6-21 主要通道边缘铺装材变化

图 6-22　主要通道建成效果 1

图 6-23　主要通道建成效果 2

图 6-24　主要通道连接葡萄架小广场的铺地变化

图 6-25　主要通道与葡萄架入口小广场

6.1.3　校友砖读书廊葡萄架建造

　　图 6-26 至图 6-48 是校友砖读书廊的葡萄架建造过程的记录。

图 6-26　葡萄架立柱与基础养护

图 6-27　葡萄架地面水泥浇筑

图 6-28　葡萄架与周边读书廊单元体场地

图 6-29　葡萄架与周边读书廊单元体之间预留葡萄树种植空间

图 6-30 葡萄架通道地面铺砖

图 6-31 葡萄架顶部廊架架设

图 6-32 葡萄架顶部廊架的长短韵律变化

图 6-33 葡萄架地面铺地图案变化

图 6-34 葡萄架入口处种植银杏树

图 6-35 葡萄架入口处的小广场

图 6-36　葡萄架入口处小广场两侧竹墙

图 6-37　从读书廊入口处看葡萄架

图 6-38　葡萄架一侧的小水塘

图 6-39　建成后的葡萄架廊道

图 6-40　从葡萄架廊道通往读书廊单元体小空间

图 6-41　葡萄架廊道与主通道的关系

图 6-42　盛夏时节葡萄藤和大树的遮阴效果

图 6-43　葡萄架廊道与读书廊单元体自然过渡

图 6-44　葡萄架两侧木板坐凳与地面铺砖图案

图 6-45 葡萄架通往读书廊单元体的开口

图 6-46 葡萄架曲折线型产生步移景异的效果

图 6-47　葡萄架廊下空间温馨的效果

图 6-48　葡萄架廊道与读书廊单元体的自然连接

6.1.4 校友砖读书廊主入口景观墙建造

图 6-49 至图 6-53 是校友砖读书廊主入口处景观墙的建造记录。

图 6-49　读书廊南端主入口效果

图 6-50　校友砖读书廊主入口标识墙

图 6-51 读书廊标识墙与葡萄架关系

图 6-52 校友砖读书廊标识墙

图 6-53　校友砖读书廊北端入口标识墙

6.1.5　校友砖读书廊单元体建造

图 6-54 至图 6-79 是校友砖读书廊单元体建造过程和效果记录。图 6-80 至图 6-88 是校友砖读书廊单元体砌砖细部效果。其中，图 6-83 至图 6-88，通过在普通砖上喷漆的方法，把社会主义核心价值观词组标注在普通砖上，布置在校友砖读书廊单元体上方，而这个单元体正位于主要入口处位置，一目了然，彰显了读书廊的精神文化内涵。

图 6-54　校友砖读书廊单元体建造过程和效果记录 1

图 6-55　校友砖读书廊单元体建造过程和效果记录 2

图 6-56　校友砖读书廊单元体建造过程和效果记录 3

图 6-57　校友砖读书廊单元体建造过程和效果记录 4

图 6-58　校友砖读书廊单元体建造过程和效果记录 5

图 6-59　校友砖读书廊单元体建造过程和效果记录 6

图 6-60　校友砖读书廊单元体建造过程和效果记录 7

图 6-61　校友砖读书廊单元体建造过程和效果记录 8

图 6-62 校友砖读书廊单元体建造过程和效果记录 9

图 6-63 校友砖读书廊单元体建造过程和效果记录 10

图 6-64　校友砖读书廊单元体建造过程和效果记录 11

图 6-65　校友砖读书廊单元体建造过程和效果记录 12

图 6-66 校友砖读书廊单元体建造过程和效果记录 13

图 6-67 校友砖读书廊单元体建造过程和效果记录 14

图 6-68 校友砖读书廊单元体建造过程和效果记录 15

图 6-69 校友砖读书廊单元体建造过程和效果记录 16

图 6-70 校友砖读书廊单元体建造过程和效果记录 17

图 6-71 校友砖读书廊单元体建造过程和效果记录 18

图 6-72　校友砖读书廊单元体建造过程和效果记录 19

图 6-73　校友砖读书廊单元体建造过程和效果记录 20

图 6-74　校友砖读书廊单元体建造过程和效果记录 21

图 6-75　校友砖读书廊单元体建造过程和效果记录 22

图 6-76　校友砖读书廊单元体建造过程和效果记录 23

图 6-77　校友砖读书廊单元体建造过程和效果记录 24

图 6-78　校友砖读书廊单元体建造过程和效果记录 25

图 6-79　校友砖读书廊单元体建造过程和效果记录 26

图 6-80　校友砖读书廊单元体砌砖细部效果 1

图 6-81　校友砖读书廊单元体砌砖细部效果 2

图 6-82　校友砖读书廊单元体砌砖细部效果 3

图 6-83　校友砖读书廊单元体砌砖细部效果 4

图 6-84　校友砖读书廊单元体砌砖细部效果 5

图 6-85　校友砖读书廊单元体砌砖细部效果 6

图 6-86　校友砖读书廊单元体砌砖细部效果 7

图 6-87　校友砖读书廊单元体砌砖细部效果 8

图 6-88　校友砖读书廊单元体砌砖细部效果 9

6.1.6 足球运动员雕塑与校友砖读书廊的关系处理

图 6-89 至图 6-91 是基地内原有足球运动员雕塑与读书廊的关系。在设计建造过程中，把该雕塑作为一个设计要素，与读书廊单元体特别是葡萄架廊道走向有机结合，成为一个整体。

图 6-89　建成后从葡萄架廊道看足球运动员雕塑形成视线对景

图 6-90　足球运动员雕塑与读书廊单元体的关系

图 6-91　增加了足球运动员雕塑周边观赏聚会场地

6.1.7 国际办学"纪念树"与校友砖读书廊的关系处理

图 6-92 至图 6-97 是基地内原有国际办学"纪念树"与新建葡萄架和读书廊的关系。在设计建造过程中，把该纪念树和纪念牌作为设计要素，葡萄架向北侧开口正好与该纪念树形成景观对照，并在四周适当留有观赏活动步道，与读书廊总体环境形成一个整体。

图 6-92　读书廊步道设计有机结合场地内原有的国际办学纪念树

图 6-93　国际办学交流纪念树纪念牌

图 6-94　葡萄架北端开口直接导向纪念树形成景观对照

图 6-95　纪念树四周设置了步道形成观赏空间

图 6-96 葡萄架廊道与纪念树的对景关系

图 6-97 友好学校国际学生在纪念树周边举行纪念活动

6.1.8 共同参与建造

图 6-98 至图 6-105 是大同中学学校领导和设计团队进行读书廊设计方案讨论并共同参与建造的过程记录。

图 6-98 设计者向大同中学校领导汇报方案（左一杨贵庆、左三盛雅萍校长）

图 6-99 设计者与校领导汇报交流设计方案（右一盛雅萍校长、右二杨贵庆、左一樊青）

图 6-100 设计者在基地现场向学校领导汇报设计方案（左一盛雅萍校长、左二杨贵庆）

图 6-101 设计者在现场讲解方案（右一杨贵庆）

图 6-102　设计者在现场测量（右一杨贵庆、左一研究生蔡言）

图 6-103　校领导参与现场指导（左一盛雅萍校长）

图 6-104　现场搭建校友砖读书廊单元

图 6-105　校领导到现场看望设计团队（左二盛雅萍校长，右二杨贵庆，左一王祯硕士）

6.1.9　建成总体效果

　　图 6-106 至图 6-116 是校友砖读书廊建成之后的效果。

图 6-106　读书廊恢复了葡萄架

图 6-107　葡萄架南入口

图 6-108　从主通道看校友砖读书廊单元体

图 6-109　校友砖读书廊单元体之间连接

图 6-110　学生在葡萄架下学习交流

图 6-111　两组读书廊之间的空间关系

图 6-112　连接葡萄架与读书廊单元体的小径

图 6-113　场地内保留树木与读书廊关系

图 6-114　两组读书廊单元体之间的关系

图 6-115　由北向南看读书廊场地

图 6-116　读书廊北入口的标识墙和小径

6.2 读书廊创建记

校友砖读书廊建成之后，大同中学又组织开展了"校友砖读书廊创建记"的征稿活动，并发布了"大同校友砖读书廊"创建记的征集令。征集令全文如下：

2017年，大同将迎来105周年校庆，应广大校友的倡议，"大同校友砖艺术墙"的姐妹篇——"大同校友砖读书廊"已付肇基。此次"校友砖读书廊"依旧由校友同济大学建筑与城市规划学院杨贵庆教授担纲设计，造型呈北斗七星，蜿蜒大气，七大星辰由校友砖层层垒砌而成。读书廊的林荫小道上，那曾令万千校友流连的葡萄藤架重新回到大同校园，北斗七星状读书廊在紫色花海的簇拥下英姿勃发，相映成趣。

我们诚邀情系母校的大同校友和在校师生为大同校园新景观"校友砖读书廊"撰写创建记，创建记重在讲清来由，点明意义，字数300到500字为宜。我们将对大家的来稿仔细研读，最佳稿件将请书法家誊写并附于读书廊上。

欲知详情，请添加上海市大同中学公众微信号，点击校友砖一栏具体查看校友砖视频资料。谁将获此殊荣，还请踊跃来稿。文字版、电子版请邮寄至大同中学校友会章轶老师处，请在稿件中注明您的姓名、届别、地址和联系方式，截止时间为2016年4月30日。衷心期盼您的来稿，以表拳拳母校之情。

上海市大同中学

2016年3月30日

在众多来稿中，最终入选宋士广老师的作品全文如下：

校友砖读书廊创建记

大同建校，已逾百年。鸿生硕德，灿若群星。遥想先贤当年，倾囊橐以集银圆二百二十八块乃创大同，笃学敦行，传古训以修己身；立己达人，怀天下而报国家。筚路蓝缕，以启山林，为传续大同精神，砥砺今人，遂建读书廊于校园西北一隅，成于丙申季春。学子杨虓，倡添砖以谢母校；校友贵庆，献才智而构蓝图。承艺术墙之一脉，念老大同以沧桑。摹北斗之排列，宸枢不移；藏节气于地表，物候常新。且夫佳植异卉，斑斓其中。紫藤如瀑，儆人以惜时；银杏昂藏，激人以向上。蒲桃玉兰，花繁而果硕；松桂幽篁，节劲而韵清。是固宜挟琴书以吟咏，而渺奢靡于俗情。勉我大同学子，仰天问高，俯地察己；倘徉书香，饮水思源。天下为公，大同之志凛然；天下大同，大同之道彰然。

大同校友砖读书廊创建记确定之后，制作了相应的标志牌，中英文兼备。与校友砖艺术墙标志牌一样，采用了玻璃蚀磨的方式，见图6-117。

图 6-117　校友砖读书廊创建记标志牌

　　此外，校友砖读书廊入口标志墙上，邀请了文化名人、书法家钱汉东先生题词，如图 6-118 所示。

图 6-118　钱汉东为校友砖读书廊题词

6.3　设计获奖

　　2016 年 4 月，上海市精神文明建设委员会办公室、上海市教卫工作党委、市教委联合开展了 2016 年上海普教系统培育和践行社会主义核心价值观十佳校园新景观评选活动。令人可喜的是，大同中学"校友砖读书廊"荣获"2016 年上海普教系统培育和践行社会主义核心价值观十佳校园新景观"称号（图 6-119）。

　　2017 年 1 月 13 日，"2016 年上海普教系统培育和践行社会主义核心价值观十佳校园新景观表彰展示会"在大同中学隆重举行。该项活动由上海市精神文明建设委员会办公室、上海市教委党委主办，上海市黄浦、宝山两区教育局承办，来自各区教育局、中小学校领导、师生代表 200 多人参与会议。

　　评选历时半年，经过层层筛选，最终遴选出上海市大同中学"校友砖读书廊"等十佳校园景观。根据颁布的获奖名单，上海市大同中学的"校友砖读书廊"获得了榜首荣誉（图 6-120）。在交流会上，盛雅萍校长代表大同中学做了获奖发言（图 6-121）

图 6-119 大同中学校友砖读书廊获奖奖牌

图 6-120 十佳校园新景观表彰展示会在上海市大同中学举行

图 6-121 盛雅萍校长在十佳校园新景观表彰展示会上发言

2017年1月16日大同中学新闻发布称："校友砖读书廊"是2012年大同中学校园文化景观"校园砖艺术墙"的姐妹篇。在2004届校友杨虓"校友砖"创意基础上，仍然是由同济大学建筑与城市规划学院城市规划系主任杨贵庆教授担纲设计。远观读书廊，造型呈北斗七星，七大星辰由校友砖层层垒砌而成，蜿蜒大气。北斗，是方向的指引，寓意大同学子在"笃学敦行、立己达人"八字校训的感召下，格高志远，不断前行。而由校友砖层层垒砌的建筑形式也昭示着大同人"仰望星空、脚踏实地"的操守与坚持。近看校友砖，砖上镌刻着校友的姓名、入校年份和对母校的留言。紧紧相依、层层相叠的校友砖象征着大同人不分彼此，齐心协力为母校添砖加瓦。

"校友砖读书廊"承载着大同的历史文脉和万千校友的母校深情，一块块校友砖将大同的文化火种播撒在一届又一届莘莘学子的心田，留下文化烙印，刻下心灵印痕。它们是大同历史的传承，是大同精神的根与魂，也是大同人心中共同的梦！

　　校园景观是校园文化的显性物质载体，却又能于无声处激发学生的情感认同与文化共鸣，使学生在环境的浸润中涵养社会主义核心价值观，将爱国荣校的价值内化为自身的追求与信念。培育和践行社会主义核心价值观，需要把社会主义核心价值观日常化、具体化、形象化、生活化。校园文化景观作为人文精神和文化传统的物质载体，折射出一所学校特有的历史传统、教育思想、精神气质和办学理念，是校园育人环境的重要组成部分。将社会主义核心价值观融入校园景观，把社会主义核心价值观的思想性与校园景观的艺术性有机结合，发挥校园环境文化育人作用，是培育和践行社会主义核心价值观的有效途径。

附录 A　艺术墙的校友砖留言集萃

之一：个人砖留言

表 A-1　校友砖艺术墙个人砖留言集萃

序号	留言	初中	高中	姓名
1	曾沐大同培育恩，常记母校发展情		1939	徐光宪
2	发扬光大 大同精神		1946	张慧慈
3	大同思想永放光芒	1945	1948	黄齐陶
4	天下为公，世界大同。春风桃李，美在大同！		1948	宋连庠
5	继承光荣传统 开创美好未来		1948	张仁瑞
6	大同百岁育英才，桃李芬芳满天下。	1950	1953	朱嘉禾
7	助人为乐乐无边，害人取乐乐遭殃；心诚身则壮，心贪体则亏。		1955	单建章
8	知识就是力量，知识就是财富，感谢老师，感谢母校。		1956	颜致中
9	大同："我的魂啊！"		1956	严中玉
10	师生们的大爱点燃了我这个绝望学子的人生！	1954	1957	任万超
11	求学大同是漫漫人生中值得回味的一段旅程	1956	1959	赵述曾
12	三年高中受用一生		1960	李光华
13	春华秋实		1960	吕祖善
14	大同——启蒙的自豪	1960	1963	姜德仁
15	百年大同，继往开来，创新精神，千秋万代	1960	1963	荣翟军
16	教育应是个性的孕育与拓展！		1963	方　昉
17	大同为我，我为大同；寸草春晖，谨做实事。		1963	李培昇
18	大同我在这里起步 田径我在这里丰收		1963	陈泗海
19	大同我的母校　我们家的摇篮	1962	1965	王蝶云
20	学习一生，一生幸福！		1965	陆铁军
21	大同万岁		1968	戴志遥
22	这里是我们共同的家园。	1972	1974	杨慧林
23	大同一百年，人生五十载，相聚在校园，满怀当年情！	1976	1978	葛孝龙
24	心系同学，心系老师，心系母校，祝福大家，祝福大同！	1976	1978	阮蓓丽
25	告别大同，走向成熟，洗尽铅华，回眸百年，感慨万千！	1976	1978	陈剑秋
26	回忆金色年代，珍惜幸福百年。	1976	1978	张鹤伟
27	年少天真无邪，半百续承友情	1976	1978	苏侃伟
28	日子在不同的空间流逝，想念在不同的时间来临	1976	1978	徐兆荣
29	中学的时间虽然短暂，我们的友谊却是永恒	1976	1978	陈雯昌
30	金色年华成就美丽人生，幸福钟声响彻大同百年	1976	1978	钟丽华
31	启蒙承大同 奉献于社会	1976	1979	姚伟明
32	大同中学是莘莘学子放飞梦想的摇篮		1979	章晓懿
33	曾经青春，曾经朦胧，曾经迷失，曾经拥有。		1979	宓建华
34	大同是我们知识的天，大同是我们足球的地		1979	王志祥
35	少年在大同，青春无悔，一生怀念	1978	1980	宣　枫
36	没有母校的这块砖，人生的高楼无从建起。	1978	1980	杨荇农
37	贺百年寿，谢千般恩，愿万世存！	1978	1980	徐　明

序号	留言	初中	高中	姓名
38	大同走向世界　世界最终大同	1978	1981	陈兆军
39	放眼全球，世界唯有大同	1978	1981	王　坚
40	饮水思源	1978	1981	陆　炜
41	梦想，从这里齐飞……	1978	1981	陆伟华
42	庆贺百年师恩永铭记，就读六载学业惠终身。	1978	1981	林　栋
43	好好做人，好好学习，好好工作，好好生活。	1978	1981	唐　欣
44	六年的大同学习生活，是我一生的财富！	1978	1981	杨贵庆
45	您授予我提升智慧和思考人生的引擎		1981	盛祖强
46	美好人生的开始		1981	蔡育红
47	引以为自豪的母校。		1981	张　辉
48	辛勤耕耘终有一生收获		1981	朱宇杰
49	身为大同人是我永远的骄傲	1979	1982	周伟敏
50	大同六年 受益无穷	1979	1982	邱文俊
51	我注视着母校，母校注视着我。	1979	1982	陈勤奋
52	你留下我青春足迹，你扬起我人生风帆，我终生以你为荣。	1979	1982	唐鸿宾
53	大同常青		1982	潘红卫
54	稀里糊涂三年，咀嚼回味一生。		1982	乐　毅
55	母校百年华诞　人生四五不惑　难忘青春岁月　感恩培育之情		1982	庄佩珍
56	岁月如歌，谱写往日华章；携手共赢，创造明天辉煌	1980	1983	王　勤
57	悠悠岁月久，浓浓母校情。	1980	1983	童　虹
58	大同学习工作的 22 年永远镌刻在我的生命里。	1980	1983	姚晓红
59	永远的同不落	1980	1983	梅卫国、陈　刚、郁士毅、陈　娟、窦少武、叶　丰
60	同不落	1980	1983	孙　浩
61	传承思想，播种希望	1981	1984	陈　刚
62	桃李满天下，春晖遍四方	1981	1984	蒋　皓
63	青葱岁月相伴，尽享回味无限	1981	1984	徐　蓓
64	百年大同，魅力永动		1984	曹　鹰
65	期待下个百年，母校依旧星光灿烂！	1982	1985	秦　峰
66	知识在此滋长，理想在此启航。大同，梦开始的地方。	1982	1985	贾琳琳
67	六年苦寒窗，一生情难忘，青春虽易逝，记忆永留芳。	1982	1985	陈　昀
68	百年华诞，桃李芬芳！	1982	1985	陶　红
69	六年大同的青春岁月，永远是我最美好的回忆	1982	1985	张　皓
70	百年大同，音容难忘，盛世永昌	1982	1985	郑穗穗
71	大同培养了我，我把青春献给了大同。		1985	章　健
72	感谢母校！		1985	戴　焱
73	忠诚 勇敢 睿智 奉献	1983	1986	蒋庆施
74	大同教会我追求真、善、美！	1983	1986	袁　鸣
75	母校恩情 终身难忘 良师教诲 一生受用	1984	1987	毛义达
76	感动、感慨、感恩，大同让我自立、自信、自强。		1987	庄　炜
77	难忘高中三年，结交了许多益友，愿母校越办越好。		1987	王旭东
78	百年育人 枝发五洲 再度跨越　大同万岁		1987	蔡志荣
79	体验二元，超越二元，回归本我。		1988	林　丹
80	珍惜人生中最美好、最青春、最留恋的时光！	1986	1989	董玮倩
81	大师云集，足印生辉	1986	1989	周家恺

序号	留言	初中	高中	姓名
82	路过青春一阵子，记忆搁浅一辈子！		1989	黄 莉
83	在这里，结识了许多一辈子的朋友，真好！	1987	1990	沈彤军
84	难忘那些年一起度过的青春岁月，难忘母校！	1987	1990	凌 岭
85	有美丽回忆的地方	1987	1990	胡邦薇
86	学子游天下，难忘母校栽培。祝大同百年图强	1987	1990	张 昱
87	葱葱青春六载结缘足球师恩难忘美好记忆满满	1987	1990	钮劲峰
88	学会学习，学会生活，学会做人，学有特长	1987	1990	陈 挺
89	鸿鹄之志，始于大同，永远铭记母校及恩师的培养。		1990	宓文欢
90	为大同添彩，为母校争光！	1988	1991	陈剑辉
91	母校点滴，铭记在心	1988	1991	方 洁
92	受而能报者福也	1988	1991	陈雯华
93	我骄傲，我是大同人。	1988	1991	陆 勤
94	永远值得回味的青春留在了这里	1988	1991	张 琪
95	贺母校百年华诞！桃李天下，人才辈出！	1988	1991	高晓怡
96	行到水穷处 回看云起时	1988	1991	赵 霞
97	小草百花大树，大同是我的根	1988	1991	张 东
98	绿茵飞奔，难忘大同。	1988	1991	顾明青
99	硕果累累，流传后世	1988	1991	尹 明
100	青葱歳月，球場内外，甜酸苦辣，盡在大同	1988	1991	卢家訢
101	青春不复返，且行且珍惜。		1991	李 璟
102	那些曾经具体而真实的情愫，都是我人生中的珍品。		1991	张战天
103	因球结缘，情系大同	1988	1992	郑 华
104	文武双全　天下大同	1989	1992	林庆荣
105	春风化雨　润物无痕		1992	丁 涵
106	师恩永承，立已达人。	1989	1993	赵 锴
107	为大同中学发展添砖加瓦！	1989	1993	陆 勇
108	7年青葱岁月，感恩大同给我的美好回忆，祝福母校，桃李天下！	1989	1993	葛庆新
109	能为母校添砖加瓦是每一个大同学子的骄傲！		1993	徐 凯
110	走到哪里都是大同人，愿大同活力永驻！	1990	1994	包 涵
111	7年珍贵时光，大同，我难舍的眷恋！	1991	1994	陈丽君
112	大同七载光阴，满满美好回忆！	1991	1994	赵 赟
113	谢谢母校，存储我的青春记忆。		1994	陆梓华
114	学子天下心，心系大同情		1994	倪仁杰
115	百年长青	1991	1995	李瑱浪
116	七年大同生活，对我一生有益	1991	1995	董弃疾
117	人生最灿烂之七年，感恩大同	1991	1995	沈佳妮
118	七载春秋　云消雨霁　上善若水　知恩报恩	1992	1995	徐 进
119	忆青葱岁月，念母校育恩！	1992	1995	戴启超
120	大同球门线上一面永远代表胜利的旗帜	1994	1995	程 胜
121	大同经历，铭记一生。		1995	刘欣毅
122	一日大同人，终身大同魂。		1995	张 晟
123	聚是一团火，散是满天星！		1995	陈庚祥
124	大同六载，受益一生。海外学子，心系母校。	1992	1996	张佳慧
125	这里有我美好的回忆，这里是我展翅高飞的起点。	1993	1997	王臻琪
126	感谢母校　永念师恩　难忘同窗　最美青春	1993	1997	赵 玥

序号	留言	初中	高中	姓名
127	大仁大德育百年盛况，同心同志立四海名校	1993	1997	吴 斌
128	三年时光虽有限，收获良多益无边		1997	胡遥琼
129	感恩母校教育培养，难忘美好求学时光	1994	1998	林 晨
130	无论身处何方，勿忘初心！	1994	1998	徐乃卿
131	美丽大同，是筑梦的云梯。	1994	1998	邵 宏
132	育人育德百余年，立业立志传四方	1994	1998	季宇闻
133	百年足球梦，永远大同人！	1994	1998	徐国彬
134	母校：知识的海洋，文化的殿堂。	1994	1998	华宋杰
135	柒春秋 开吾智 立吾德 益长久	1994	1998	孙 瑾
136	愿为大同的辉煌而不懈努力！		1998	林雪虹
137	天下大同，理想之国		1998	倪 佳
138	愿子循大同之道，铸完善人格，展出众才学。		1998	陈佳儿
139	昨天我以大同为荣，今天大同以我为荣。	1995	1999	陈 文
140	活用四学，受益终生！学会做人 学会学习 学会生活 学有特长	1995	1999	谢昱焜
141	两代同门传笔墨，丹青伴我上清华	1995	1999	邓功成
142	生命里流淌着大同的血液		1999	王韵时
143	百年沧桑铸成名校风范　百年风雨造就华夏栋梁		2000	孙 捷
144	以此为志，见证大家的成长，见证大同的成长	1997	2001	范呈丰
145	化身校友砖，永远守护着母校！	1997	2001	杨 旎
146	喜迎大同百年庆典，祝愿母校续谱辉煌！		2001	孙翼琥
147	桃李天下　是谓大同		2001	朱宏伟
148	追忆我的大同时光，感慨万千，"幸运、快乐"与"遗憾、内疚"并存		2001	刘亚飞
149	母校期颐辛耕耘，桃李盛开满天下		2001	张颖华
150	我自大同出 爱仁造于此 大慈生智慧 同德心系根		2001	王晓颖
151	存大同精神，耀大同学子		2001	余绮晓
152	智慧八班，追求卓越		2001	陈 钢
153	赤砖丹心，共砌大同		2001	张 翼
154	三年改变一生，母校恩情永铭心		2001	汪玉娅
155	百年春秋育英才，沧海横流耀中华		2001	朱佳景
156	第一届，全国班，来自全国，感恩之心		2001	叶小伟
157	最美的年华遇见最美的你们，永远的全国班！		2001	阮文雅
158	不管走到哪里，都以大同人的身份自豪		2001	徐倩玮
159	最忆母校七年师恩与友情		2001	陈 晔
160	青春是一本太仓促的书		2001	闵 琦
161	人人不同而相同，因缘相同而不同，天下大同		2001	王宝蕾
162	学子游天下，　心系大同情！		2001	钟卉卉
163	那些年，那些人，那些情，永为大同人！	1998	2002	王晓寅
164	去追求，去奋斗，去拼搏！	1998	2002	钱佳萌
165	七年灵魂的成长，傲为大同人	1998	2002	徐仕靓
166	七年的青春，一辈子的大同人！	1998	2002	张 力
167	求学三载，启人生航路；大同百年，谱盛世华章。		2002	董稼伟
168	教书育人，感恩母校		2002	张 嫣
169	那一年，云淡风轻，阳光在笑。青葱年少，莫不静好？		2002	丁意囍
170	青春之花在这里盛开		2002	李宜然
171	千里之行，始于大同。		2002	凌 杨

序号	留言	初中	高中	姓名
172	大同中学成就了更完整的我		2002	魏志成
173	决定一生的七年在这里度过	1997	2003	诸旻俏
174	愿岁月静好，母校长青。	1999	2003	于 宙
175	百年大同桃李芬芳，学子莘莘共谱华章		2003	段秋宇
176	感谢大同给予我平等、独立、锤炼的机会		2003	程 晨
177	大海纳百川，四洲同欢乐。		2003	陈书乐
178	前辈用血汗换来的辉煌，再艰辛也要努力捍卫	1999	2004	王 珏
179	砖痕桂树泉花，天下大同人家		2004	王怡蓁
180	大同三年让我成为一个更好的人。		2004	唐蕴斐
181	聚似一团火，散作满天星。		2004	何嘉乐
182	心系大同		2004	沈 浩
183	大而有当，和而不同		2004	蒋思思
184	大同之名万古存 铭砖悠久同乾坤		2004	施晓倩
185	七载畅享民乐意韵 一生闲得月明人心		2004	吴 辰
186	大同，放飞梦想的起点		2005	赵冠宇
187	海外学子祝母校明天更辉煌		2005	沈博洋
188	亲爱的母校，生日快乐！愿我能为您添砖加瓦		2005	张倩辰
189	作为一名大同人是我永远的骄傲！		2005	赵维嘉
190	百年起步，大同长青！		2005	孔世源
191	黑发应知勤学早　寸寸光阴不可轻		2005	苏雨聃
192	大同四载情，思情一生记。		2006	许乐洋
193	人在异乡，心在大同	2004	2008	汪进捷
194	忆往昔，桃李不言；看今朝，厚德载物。	2004	2008	许文杰
195	愿大同更加繁荣昌盛！		2009	蔡信怡
196	祝母校屹立长存，人才辈出		2009	于思远
197	能在人生这几年遇上百年校庆，何其幸也！		2009	林正璐
198	大同精神永存我心		2009	张佳纯
199	大同学子，威武霸气		2009	王如斌
200	感谢这所我与我父亲共同的母校，我们永远爱他。		2009	陈子杰
201	感谢母校三年来的培养，我在大同收获良多		2009	孙 豪
202	很幸运高中三年在大同认识了这么多有趣的人		2009	沈雯怡
203	三年之教诲，一生受用		2009	傅君尧
204	大同育天下英才，英才全天下同人		2009	许嘉妮
205	写下的是回忆 留下的是思念		2009	戴 唯
206	大同之校，大同之梦		2009	胡晓珺
207	愿大同长青		2009	徐 婧
208	我们不在云端上跳舞，而在地上行走。		2009	王懿韵
209	于此，铭记过去，打开未来。		2009	薛倩璐
210	百年大同梦，三载春晖情。		2009	徐诗悠
211	厚德载物 上善若水 天下大同		2009	戴陈奕
212	在大同三年收获了许多知识与欢笑。希望大同越办越好！		2009	翁佳婵
213	百年诞辰，盛世大同。		2009	朱泽琦
214	三年大同人，一生大同情。		2009	刘其琛
215	无论何时何地何人谈到中国，我就想起大同		2009	大 卫
216	感谢母校让我在最单纯的岁月里感受到最纯粹的快乐		2010	奚欣辰

序号	留言	初中	高中	姓名
217	百年大同，独领风骚		2010	徐 婧
218	九层之塔，始于垒土；大同之情，涌泉相报		2010	叶超群
219	未来，在回忆中开始；感恩大同，活出自我		2010	宋子杨
220	美景配良师，百年铸大同		2010	于承添
221	聚不是开始，散不是结束，大同的倩影，永烙我心中		2010	薛 宜
222	大鹏一日同风起，扶摇直上九万里		2010	关棣文
223	一年大同，一生大同；教育之恩，没齿难忘		2010	叶泽亮
224	笃学敦行，立己达人，我铭记于心		2010	周晓岸
225	大同让我学会不要被动		2010	奚文斐
226	大同之历 伴我一生		2012	徐 昊
227	每念读书廊之景观便生立志成才报国裕民之志。		2013	俞稼穑
228	绿荫如盖，沐春曦之光辉。 紫藤环绕，乐闲读之雅致。	2010	2014	韩 涛
229	观星汉西流，怀凌云之志。 思春秋寒暑，当只争朝夕。		2014	朱津宜
230	年岁月之易逝，忆往昔之峥嵘		2014	洪润宇
231	有廊读书，形呈北斗，可博览星汉，寄鸿鹄之志。		2014	吴 昊
232	步此廊也，亦有发愤忘食习给世之道而逐青云之志者。	2011	2015	沈泽楷
233	桑落松醪，酒逾年而弥醇。 今思古臆，情历岁而独钟。		2015	康昊宁
234	笃学敦行，立己达人；弘毅致远，正在我辈。		2015	王思凡
235	大同学子，羽翼将丰，翱于九天，守护母校。		2015	王天海
236	人生的第一笔财富：知识、品格和信念，便是大同给予我最珍贵的礼物		2015	宋卓遥
237	两代共谱大同情	1979、2005	1982、2009	田 伟、田羽舟
238	八年培育，师恩难忘	1944		李传芳
239	大同精神的力量始终鼓舞着我，值得永远纪念	1951		叶百宽
240	成为大同学子，是我的骄傲。	1956		吴文静
241	做优秀建筑师，为百年大同再创辉煌而添砖	1958		秦 浩
242	大同是我青春的记忆，人生重要的驿站。	1960		谭宏德
243	百年大同，永远辉煌；莘莘学子，英才辈出。	1960		耿昌午
244	母校情重 师恩难忘	1962		沈晓祖
245	母校教育，受益一生	1962		余凤楼
246	树难忘根水思源，母校恩泽伴终生。	1963		徐仲良
247	最慰平生事，丹青遇少年	1963		邓 明
248	大同精神百年传承，大同事业蒸蒸日上。	1963		董亦鸣
249	百年大同 树人百载 桃李芬芳 盛世华章 再创辉煌	1963		叶铭焕
250	为母校添砖加瓦，愿大同人材辈出	1963		俞静芳
251	学习争当优等生，报效祖国有实绩	1964		郑福民
252	青春无价，执着无悔	1964		黎 丽
253	感怀母校，百年沧桑；祝福大同，百世盛昌。	1964		廖 欣
254	学在大同 为在大同	1964		林元和
255	百年大同，底蕴深厚；大同百年，桃李满园。	1964		张庆伟
256	砌好大同校园一块砖，美好人生多了一条奋斗的路。	1965		黄燕顺
257	母校让我懂得人生的价值在于不断追求	1965		徐志明
258	学会换位思考你会发现世界原本可以如此美丽	1965		邵中宪

序号	留言	初中	高中	姓名
259	大同中学是我永远的情系！	1965		陈凤妹
260	一家三口传承大同，恋母情结心系大同	1965		许佩琳
261	百年名校育英才，砖砖勿忘大同人	1968		王宗玉
262	喜迎百年华诞，再复大同新篇！	1969		李原伟
263	大同足球是我一生的骄傲！	1969		吴福根
264	大同永远是我的骄傲！	1969		俞　飞
265	前者可追，后生可畏，美哉大同，地灵人吉！	1969		汪殿林
266	大同，大同，百年育人，百年学府	1969		刘厚军
267	大同求不同，是特色；不同求大同，是本色。	1969		管维镛
268	师恩难忘 师德永留	1969		顾月珍
269	曾经岁月，情深依旧	1969		蒋福生
270	中国大同 诞生上海 桃李满天 辉煌世界	1969		吴嘉兴
271	弘扬大同精神，共创大同伟业	1970		毛传桅
272	于大同奔驰，与大同齐飞	1970		张立斌
273	雅府造英才，敏悦思人生。	1971		左伟康
274	融入大同是荣耀，无愧母校是责任！	1972		李建敏
275	大德敦化，同心善美。	1972		宋百亮
276	大同是我知识的源泉，奋斗的起点！	1972		姚恩萍
277	大同是我一生的骄傲，也是心中永远美丽的回忆。	1972		张秀珍
278	能成长为一名党务工作者，离不开母校栽培！	1972		冯锦荣
279	大同培养了我的文艺才能使我终身受益。	1972		毕志军
280	大同，留给我难以忘却的岁月；大同，留下我学习奋斗的足迹；大同，有我不舍的老师。	1973		王东日
281	世界大同，梦开始的地方。	1978		俞　萍
282	成长的摇篮，快乐的园地	1978		蔡国明
283	高山感恩大地，苍鹰感恩蓝天，我感恩，亲爱的母校！	1980		高其昌
284	百年大同，桃李芬芳。母女校友，梦想起航。	1980		丁　红
285	百年厚德承载，大同辉煌永铸	1981		黄健勇
286	母校是一生中最深刻也是最美好的记忆	1983		何　斌
287	理想在这里扬帆起航！	1984		刘　昉
288	认认真真做人 踏踏实实做事	1984		劳晓芸
289	我的青春都在这里了……	1986		周轶群
290	全面发展学有特长，母校教育终身受益。	1987		杨　勇
291	大同给予我的美育终身受用	1987		杨　靖
292	感恩母校，心系大同！	1988		苏凌云
293	难忘青春，感谢大同；而立之年，尤忆大同。	1988		陈丽华
294	启蒙于南市 成长在大同 足球 梦想	1988		陈　捷
295	母校的5年帮我打下了象这砖一样坚厚的基础	1989		卜　俊
296	铭记大同教诲，投入大同建设，见证大同辉煌	1989		陈莉莉
297	育人育德育百年盛况　立业立志四海名校	1989		管遹奇
298	感谢母校	1990		章　轶
299	潮平两岸阔，风正一帆悬	1991		颜廷超
300	七年伏枥，道远任重。一朝致远，怀思大同。	1994		徐以骏
301	传承历史 延续文化 立德为先 育人为上	1994		朱德庆
302	愿百年大同，烁烁星光，照亮你我明日成功路！	1997		石英豪

序号	留言	初中	高中	姓名
303	随风潜入夜，润物细无声	1997		周一弘
304	博学之，审问之，慎思之，明辨之，笃行之。	1998		钱淼磊
305	百年豪华 大同如画	教师砖		徐浩华
306	大同是我事业所在，我很自豪	教师砖		俞安初
307	我为大同添砖加瓦	教师砖		陶玲娣
308	忙碌一生，为大同添砖	教师砖		潘裕纹
309	我把毕生精力贡献于大同 祝大同明天更辉煌	教师砖		乐燕美
310	大同，我为你自豪	教师砖		王丽珍
311	甘为人梯	教师砖		张 涓
312	一本好书，能伴一生	教师砖		陶式玉
313	愿大同精神永放光芒	教师砖		陈修珍
314	耕耘桃李地，真诚与奉献，坚持与执着	教师砖		毛懿飞
315	大同是舞台，是沃土，能让你发挥才华，茁壮成长	教师砖		方松源
316	走进大同世界	教师砖		陈国柱
317	百年大同，大同传奇	教师砖		应 华
318	教在大同，乐在大同	教师砖		杨忠源
319	大同是本书，值得细细品读	教师砖		林伟伦
320	快乐地教，快乐地学	教师砖		吴小英
321	感过往百年，喜今朝发展，愿未来更美	教师砖		蒋 芸
322	在大同从教一生，是我最大的荣幸	教师砖		汤培根
323	三十三个春秋，大同情缘，高如天穹，深如大海。	教师砖		杨月明
324	我们曾在此放飞丹青梦想	教师砖		张文祺
325	百年大同，培育人才。艺术雕琢，枝繁叶茂。	教师砖		蔡文含
326	三十四年大同园丁生涯是我一生的荣幸和骄傲！	教师砖		陈帼英
327	告别大同，走向成熟，洗尽铅华，回眸百年，感慨万千！	教师砖		陈剑秋
328	默默耕耘四十载，俯首甘为大同牛！	教师砖		陈颂雁
329	我爱教书育人 我爱百年大同	教师砖		陈天竹
330	吮吸六年，耕耘廿二载，相伴廿八春秋，身心融大同。	教师砖		陈兴国
331	此举为传承大同文化，弘扬大同精神之良策也！	教师砖		洪秀偉
332	难忘大同深情，愿大同越办越好	教师砖		胡健之
333	无私无畏，正派做人 辛勤工作，薪火相承	教师砖		纪少华
334	百年名校，桃李满天。任重道远，风光无限！	教师砖		舍咏仑
335	每当与一届届毕业学生相聚时，幸福感油然而生！	教师砖		靖八妹
336	祝母校百年诞辰事业辉煌	教师砖		李培智
337	乐育千秋，再创辉煌 精英辈出，风靡神州	教师砖		郦渭荣
338	大同见证了我的青春、我的成长！	教师砖		林建红
339	弘扬传统庆大同百年，更新理念创世界一流	教师砖		林景华
340	闪亮岁月，於大同求学 耕耘数载，留母校育人	教师砖		柳伟诚
341	校风教风学风，齐抓共建 德智体美劳，全面发展	教师砖		陆建平
342	诲人如春风	教师砖		梅逸人
343	如果有来世，我还会在大同当一名教师，任班主任。	教师砖		钱蓉芬
344	悟从疑得	教师砖		沈志诚
345	百年大同，育人无数 八十人生，悲喜共度	教师砖		施惠章
346	百年大同，桃李芬芳；一生育人，无上荣光。	教师砖		唐令颐
347	十余年从教给我留下了美好的记忆，愿学校日日向上	教师砖		屠之隆

序号	留言	初中	高中	姓名
348	大同精神，百年流芳	教师砖		王承宣
349	百年风雨　培育桃李满园　大同情怀　绘就杏坛纯色	教师砖		王丽萍
350	事业永不满足　处世与人为善	教师砖		王梦虎
351	和而不同	教师砖		王世虎
352	百年大同　事业辉煌	教师砖		王元莹
353	韦家三人现身大同　韦烨韦炜铭记教诲	教师砖		韦秉衡
354	培育德才新人 共创大同未来	教师砖		魏国芳
355	种花要用心，桃李芬芳 育人要用情，栋梁参天	教师砖		吴　军
356	大同，我付出青春年华的处女地！	教师砖		吴庭松
357	大哉至爱，同心如山　百年校庆，寿比东海	教师砖		项国安
358	源——经受大同洗礼 报——培育大同精良	教师砖		肖　鸣
359	在大同的日子是我一生中最难忘的时光。	教师砖		徐优兴
360	大同，我的一生。	教师砖		徐冠钦
361	以大同人为荣	教师砖		徐志雄
362	我愿自己是块大同砖，让同学们踏着砖攀登科学高峰。	教师砖		许克美
363	能成为令人羡慕的大同人，是我心中永远的骄傲。	教师砖		严淡安
364	愿大同桃李满天下——爱心砖	教师砖		尤桂花
365	大同是我的家	教师砖		袁忠信
366	祝大同更美好！	教师砖		张浩良
367	爱党、爱大同是我一生的追求。祝大同的未来更辉煌！	教师砖		张华泰
368	青春留给于大同 思念伴随我一生	教师砖		张　坚
369	情系树人业 追求真善美	教师砖		张良夫
370	梦萦大同	教师砖		赵全良
371	光耀中华	教师砖		郑文英
372	勤奋、踏实为教育贡献一生	教师砖		郑惜贞
373	教育是事业，事业的成功在于奉献。	教师砖		郑晓明
374	大同，一生的奉献，一生的追求！	教师砖		朱建玲
375	大同传统源远流长	教师砖		王季娴
376	在大同中学的工作经历是我最珍贵的记忆	教师砖		袁和华
377	我也是大同人	名誉校友		马学强
378	学习要刻苦 生活要愉快	名誉校友		何占豪
379	要想成功，一要吃得起苦，二要吃得起亏。	名誉校友		钱汉东
380	用音乐点亮人生	名誉校友		胡永言
381	大艺苑百花盛开 同赞誉人才摇篮	名誉校友		周仲康

之二：班级添砖及留言

表 A-2　校友砖艺术墙班级砖留言集萃

序号 （按毕业先后序）	留言	班级
1	锲而不舍，百炼成钢	1967 届初中 6 班
2	离大同四十载　回母校谢恩来　师生情深似海	1972 届 4 班
3	感恩母校　师恩难忘	1978 届初中 3 班
4	欢乐，无拘，勤奋，出众	1985 届 1 班
5	遍地慧兰思化雨　满园桃李谢春风	1981 届高中 5 班
6	师生情　亦师亦友　同学情　真挚真纯	1981 级 1 班
7	传承大同精神　做个大写的人	1981 届高中 1 班
8	向我们传道授业解惑的老师们，是我们人生的基石。	1982 届高中 4 班
9	大同学子　各领风骚　沃土奇葩　自信自强　凭苦楚之历练　赢快慰之人生	1988 届 2 班
10	感谢母校　育人摇篮	田径队 1968-1974
11	同学，同师，有缘大同	1991 届初中 1 班
12	春风育桃李，秋果献恩情。敬贺母校百年，挚愿天下大同	1998 届 3 班
13	龙虫雕并　繁简修兼	2004 届高中 7 班
14	八班一小步　人类一大步	2007 届高中 8 班
15	博学　善思　笃志　好问	2012 届 1 班
16	厚德载物　宁静致远	2012 届 2 班
17	严谨　踏实　活力　人文	2012 届 5 班
18	彰显人文精神　博采众学之长　止于至善　笃学尚行	2012 届 6 班
19	自主为学　兼容并包　百年大同　源远流长	2012 届 8 班
20	静专思主　志存高远　三载学涯　品百年大同　教学相长　体大同光辉	2012 届 9 班
21	我自信，我出色；我努力，我成功	2012 届 A 班
22	一身正气、所向披靡！	2012 届 B 班

附录 B　在校学生对艺术墙和读书廊的感言选登

　　傍晚，在校园里散步，远远地就看到了砖红色的校友砖艺术墙。它沐浴在晚霞里，反射出柔和的暖黄色的光。轻轻拂过那粗糙的砖面，用手指勾画出那一个个名字。透过那弯曲的砖墙，看到的是历届大同人的影子，在夕阳里站得整齐。他们无论经历了什么，最后都回来了，回到了这个最初的港湾，与母校站在了一起。这里不只是一个学校，这里更像是一个家，也许多年后，我的名字也会出现在那些红色的砖块里，成为这段校园生活的见证，也许在多年后的一个夕阳中回来，回来看看现在自己的影子。

　　这就是大同，这就是大同人，这就是大同独有的文化和始终如一的凝聚力。

　　我们在这里，也会一直在这里。

——2016级　周子坤

　　大同很有故事的，不仅仅因为它本身的历史，还有校友们的心心念念。盛校长讲了一个故事，别的我没记住，但是我记住了一句话，"没有你们，大同还是90年，哪里来100年呢？所以回来吧，大同欢迎你们回家。"听完后，我能感觉到眼眶的湿润。大同校友那强烈的母校情怀深深地打动了我，究竟是什么能让他们那么爱自己的母校，即便是在那动荡的十年？是什么能让他们在满头白发之际回到母校校园，却潸然泪下？我想，应该是流淌在每一个大同学子身体里的血脉吧，又或者是刻进每一个大同人骨头里的传承吧……我没法用语言来表达，但我知道，大同校友墙上一块块红砖足以证明大同校友对母校的热爱。

　　大同大同，天下为公，笃学敦行，立己达人。

——2016级　盛璐佳

　　校友砖系列——大同最动人的文化。校友砖艺术墙、校友砖读书廊是大同校园里最绵延的风景，是大同学子的倾心之作。我还记得校长的那句话，其他学校的人说校友砖在他们那只是东西，但在大同却能成为文化，因为每一块砖都有它的故事啊。那时，作为一名新的大同学子，我的心中满满的都是骄傲与感动，原来我的学校有这样一批深爱它的学子，我有这样一批令人自豪的前辈，这令我不禁想更加发奋努力，在读书廊那璀璨的北斗七星的指引下，高三毕业、长大成人，我要用丰满优秀的履历，以228个银元来到大同刻下我的那块校友砖，留下我与大同最特别的回忆。

　　校友砖，虽然只是一块块普通的砖，但上面的每一个学子却给予了它不平凡的寓意，它是大同学子对母校的想念，是大同最优美的文化。

——2016级　王宇洁

　　我最喜欢的校园景观就是三成楼门前那一排校友墙。一块块校友砖上，刻着历届校友的名字，级数以及他们与大同的情怀。我读着他们的留言，不禁想象，他们在大同读书的时光是怎样的？是不是有时像我一样，在预备铃打响后匆匆跑进教室？是不是有时像我一样，在食堂吃到喜欢的菜很开心？是不是有时像我一样，吃完饭在草坪上散步聊天？春天来的时候，他们应该坐在紫藤架下，诉说少年的心事吧？夏天的小尾巴溜走的时候，他们应该闻到葡萄的甜香吧？秋风拂过的时候，他们应该见过桂花的芬芳吧？

　　许多校友都诉说大同给他们带来了一生难以磨灭的影响。他们一定和我一样骄傲，成为大同的学生。我看着他们讲述大同令他们走向世界，开阔眼界。最重要的是，大同给他们的理想添上了翅膀，心胸的大度是单靠知识无法提高的，大同的理念恰恰教会了他们书本上没有的内容：一种博爱的精神。对天地的敬畏与热爱，和发自心底的使命感。

——2016级　陈旻婕

附录 C 　"读书廊创建记"竞赛获奖学生作品选登

　　笃学敦行育桃李 砖砌廊成薪火传。2016 年，为迎接大同建校 105 周年，大同校园内又悄然矗立起一座校园文化新景观——"校友砖读书廊"。读书廊建于校园西北一隅。作为"大同校友砖艺术墙"的姐妹篇，"校友砖读书廊"承载着更为丰富的内涵，续写着更为崭新的华章。

　　"校友砖读书廊创建记征集令"一经发出，全校师生踊跃响应，纷纷提笔撰写。活动共收到 63 篇高质量的征稿，通过学校组织评议，16 篇优秀作品从中脱颖而出。此次创建记获奖者不仅将人手获赠一块校友砖，共享在读书廊添砖的荣耀，也将有幸参与"读书廊"专题片的拍摄。以下是"校友砖读书廊"创建记的获奖作品选登。

特等奖　高三（11）班　王九鼎

　　壬辰仲秋，时逢诞辰，群贤纷至，华墙始作。后五年，尚有未成所愿者，奔走往来，情求声切。母校深感挚诚，故复为读书廊，以缱群贤反哺结草之愿。

　　廊在校园西北，间杂玉树，草木葱茏，飞燕交颈，鸟雀时鸣，螺镜幽澈，共鉴云影。藤萝蔓植，环发散枝，银杏俱在，春华秋实，夏傲风骨，冬显冰姿。日星辉落，晨光熹微，三径晦明，落英潜匿。清静悠远之所，于斯为盛。

廊行斗折，凡百尺余，上覆葡萄架，梁柱藻棁悉为旧制。左右石砌，貌为凳几，为诸生休憩阅览之所，一砖一石，咸有校友姓名赠言铭其上，闲暇驻足，俯仰观瞻，未尝无薪尽火传之叹。

若大同草创之初，无师无弟子，无长无少，师范身修，各自奋发，盖为救国于存亡绝续之际，兴学于紫阳微黯之间，焚膏继晷，爬梳别抉，遂成大同盛名。今群贤戮力，共聚为心，亦无贵无贱，无长无少，为校襄此盛举，是不忘建校肇始之旨而爱校之心长存也。及至后生晚辈，吟风弄月，徜徉嬉戏，仰观穹隆宙宇，俯察百家人事，流连其间，能不有感于斯而思及聿修厥德、一发壮怀者乎？学校作二景观于其中，予意其正为此耶？

盛雅萍校长，时有令闻，而爱校之情尤甚，召学子善著文者，属为之记。予深感于师长苦心与胜境盛举之间，以为实有不可不记者，即竭鲁钝，谨为之。

时丙申季春十五日。

一等奖　高一（4）班　沈泽楷

壬辰之秋，大同园初建艺术墙。越五载，校友重聚，共庆华诞，乃新筑读书廊，增其新砖，刻校友之名于其上，属诸大同学子作文以记之。

予观夫读书廊之奇景，在绿茵一侧。衔铜雕而接丛荫，结蒲桃而绕紫藤。三曲四折，蔚蔚荸荸。此吾大同又一大观也。且夫北通维民，南极明德，殷殷学子，多会于此。读书体物之情，得无异乎？

高一（四）班
沈泽楷

壬辰之秋，大同园初建艺术墙。越五载，校友重聚，共庆华诞，乃新筑读书廊，增其新砖，刻校友之名于其上，属诸大同学子作文以记之。予观夫读书廊之奇景，在绿茵一侧。衔铜雕而接丛荫，结蒲桃而绕紫藤。三曲四折，蔚蔚荸荸。此吾大同又一大观也。且夫北通维民，南极明德，殷殷学子，多会于此。读书体物之情，得无异乎？

若言仰望星空，骋怀游目义和，熠熠众星拱之，斗月巧巧，流云追之，夜凉如水，轻飔微飔北辰，远驰望舒于飞。也则有神接宇宙，思万物之源而感人生之谛者。若言脚踏实地，学道不倦，晨起清和，书声琅琅，闲来小憩，矛书海徜徉青衿少年，风华正茂，悠悠其心，览观天下，步此廊也，亦有发愤忘食，习经世之道而逐青云之志者，嗟乎！予尝求诸校友腾达之因，或实符璧上之训，何哉？行善而无学则闇，学高而无行则殆，笃学敦行，方可为栋梁之材，立己达人，终成就仁义之道。此即孔丘所谓"己欲立而立人，己欲达而达人"者也。噫！微斯训，岂有此济济之英才哉？

时公元二零一六年四月二十二日。

大同校友砖读书廊创建记

若言仰望星空，骋怀游目。羲和远驰，望舒于飞。夜凉如水，轻飔微飐，北辰熠熠，众星拱之。纤月巧巧，流云追之。步此廊也，则有神接宇宙，思万物之源而感人生之谛者。

若言脚踏实地，学道不倦，晨起清和，书声琅琅。闲来小憩，书海徜徉，青衿少年，风华正茂，悠悠其心览观天下，步此廊也，亦有发愤忘食，习经世之道而逐青云之志者。

嗟乎，予尝求诸校友腾达之因，或实符壁上之训，何哉？行善而无学则罔，学高而无行则殆。笃学敦行，方可为栋梁之材，立己达人，终成就仁义之道，此即孔丘所谓"己欲立而立人，己欲达而达人"者也。噫！微斯训，岂有此济济之英才哉？

时公元二零一六年四月二十三日。

一等奖 高二（2）班 王鸿杰

拭一朝岁月之烟尘，感百年大同之情怀。物换星移，雅望其传宇内；人杰地灵，桃李而满天下。吾莘莘学子，常抱鸿鹄之志，亦寄反哺之心。今众人竭诚以齐力，因吾之厚望，顺吾之推心，而一尽美之胜又成矣，名之"校友砖读书廊"。

披翠色，倚碧波，晨光微入，惠风时至。远观以亲临，细审以驻足。将丹砂之为座，使青瓦之下足。芳园晏处，枕长天之星斗；曲径幽行，承一载之春秋。观此二景，而悟无蹉跎以致学，必道劲而为人。青石架下，紫藤蒙络，其实累累；架下道畔，草木葳蕤，其华夭夭，再缀以盈盈一水如鉴。观此数景，可谓极目之乐也。穷其道，得一树，亭亭而立，盖年前中澳师生所俱栽也，曰友谊树，有"天涯若比邻"之意。由是则天隔难往，尽道情义之永存；盈虚易改，皆期四海以大同。

多事之秋，芝兰玉树，并奉弘毅之行，沧桑世纪，百年树人，谨以此一胜一文，诚祈福祉，幸母校辉煌永续……

高二（2）班 王鸿杰

风霜雨露，莫忘多事之秋；芝兰玉树，并奉弘毅之行。沧桑世纪，百年树人，谨以此一胜、一文，诚祈福祉，幸母校辉煌永续……

二等奖　高一（1）班　康昊宁

丙申春末，仲夏即初。迴廊始成，雅号"读书"。

挟苍翠而掇葡红，承明德以引庐中。南望院士高墙，先贤指路。东临校友曲嶂，后杰辟途。笃学敦行，行于五湖四海。立己达人，达诸八荒六合。眼观辰天，瞻七星之荧黯。脚踏实地，辅九州以异同。节令廿四，寒暑有往则为之异。期颐有五，栋梁无穷而日之同。

征令未下，志者先从。紫气将来，凤归以葺旧瓦。青云竟去，龙跃而添新砖。桑落松醪，酒逾年而弥醇。今思古臆，情历岁而独钟。山长作宰，前辈共谋，开陈迹以盛况矣，创故园之仪风。

时公元二零一六年梅月，恭疏短引简记之。

二等奖　高二（1）班　吴　昊

丙申季春，孟夏将至。忽忽五载，又添新貌。

有廊读书，形呈北斗，可博览星汉，寄鸿鹄之志，砖砖堆砌，情思皆凝于此。

读书一亭，飞檐流角；特色二雕，勤学拼搏。池水盈盈清且浅，畅游欢，鱼跃水面；己丑小树初长成，情长远，与澳相交。中有幽径，曲折蜿蜒，竹架凌空，乡愁萦绕：藤花蒙茸，似是璎珞披拂，葡藤翠蔓，原是旧时相识；青阶下刻，脚踏实地，廿四节气，劝君惜取少年时。校庆贺词，学子同庆华诞日。银杏一双，桃李六万，桧樟苍翠，青松挺拔，玉兰飘香，绰约多姿；竹生高节，虚怀若谷。

人生聚散百年犹旦暮，春夏往复一世只朝夕。唯，"笃学敦行，利己达人"之校训永垂。

二等奖　高二（2）班　朱津宜

丙申之春，大同兴校友砖读书廊于明德楼之侧。葡萄架斗折而行，期年之后，葡萄新绿，清阴翠幕；紫藤吐艳，云蒸霞蔚。徘徊其下，或咏诗书，或叙幽情。朝迎晨光之熹微，夜观宇宙之无穷，又效北斗七星之状以校友砖造七凳，分列左右。矫首昂视，云汉昭昭，明星煌煌，观星汉西流，怀凌云之志，笃学敦行，立己达人；垂首沉吟，草木郁郁，繁花灼灼，思春秋寒暑，当脚踏实地，只争朝夕。池水清浅，映照天光云影，清风徐来，吹皱一池碧缬。青石板铭二十四节气，红砖刻大同校庆一〇五周年。曲径通幽，漫步学子成长之路；分花拂蔓，思及百年校友乡愁。翠竹幽篁，春华秋实；十年树木，百年树人。

二等奖　高二（2）班　李　峥

大同中学，百年芳华，襟瞿溪而带南车，控蓬莱而引中山。物华天宝，龙光射牛斗之墟。人杰地灵，胡儒建立达之社。群星璀璨，学子纷纭，鸾翔凤集，景星麟凤。兹于丙申年六月，于此建大同读书廊，庆母校百年华诞。以传大同精神之流芳。

其景也，清风霁月，临流枕池，念校友心率之所系，复建旧址葡萄架，旧景东望远，脉脉大同情，天然画意，伴草成茵。读书廊上形如北斗星宿，寓以仰望苍穹之意。下枕就青红砖石，刻以二十四节气之名。可谓上上下下皆成景，密密疏疏自在花。

其境也，书香园林，诗赋大同，一迳抱春藤，居然城市间。桃李满秋实，清香静中发。春风万里，以勉后辈穷睇眄于中天，极览阅于遐日，四季轮回，当惜于母校之时光，星云斗转，诚宜慎戒身行，以光母校遗德，恢弘大同之声。致辞母校一百零五周年之际，作此文与诸君共勉。

二等奖　高三（3）班　洪润宇

丙申杪春，群贤毕至，老幼咸集，会于大同校园，共庆华诞。念岁月之易逝，忆往昔之峥嵘，所感良多。昔时求学之艰苦，今日之颓然苍首之态交织于心，始有校友砖读书廊之倡议，以勉后人。

长廊回回，盘盘囷囷，取其曲径通幽之意。又有俊采星驰，气冲斗牛之墟。有能人志士，取北斗之形，成七高台，又采红砖廿四铺设于地，接于廿四节气。砖砖砾砾，皆自校友心意所化，取其平等之意，沟沟壑壑，俱仿天地之痕所制，引其文思才气。

春秋之际，有葡萄紫萝盘桓于廊顶，盛夏之时，又有潭中鱼影历历，廊旁竹影斜斜，更有小树常青，表中澳之友谊，亦存银杏二株，喻春华秋实。此廊与艺术墙之遥瞻，有如车之两轮，鹏之双翼，不能有所偏废矣。望后来之学子毋忘求学之初心，故以读书为此廊名。

时丙申三月十九日

三等奖　高一（2）班　徐涵文

时为大同建校百又五周年，蒙校友盛情，艺术墙砖垒愈高，因由校友杨贵庆设计图稿，砌北斗七星，建校友砖读书廊。红旗飘扬，绿草茵茵，北斗七星为引，时令节气为道，葡萄紫藤为荫，花木鱼池为意，蜿蜒大气，英姿蓬勃，掩映成趣，寓意大同学子仰望星空，惜时践实，心怀感恩，学业有成，胸怀远大，理想远大。晨时，朝阳映辉，雾霭稀薄，葡萄架下，手捧书卷，轻吟慢读；晚时，夕阳斜照，红霞漫天，操场挥汗，旁有书香。

今成读书廊，也借校友之意，也寄校友之情。当年葡萄架下盈盈笑语，今日读书廊前朗朗书声，校园多彩，青春峥嵘。期廊下后辈，承前人之脉，秉"笃学敦行，立己达人"之志，共立大同园，共行大同路，共怀大同梦，共感大同情。

三等奖 高一（2）班 陈奕凡

初日澄，春水生。召简出，砖墙矗。蜿蜒状如北斗，仰望星空。藤架曲径而通幽，直走池鱼。砖瓦熠熠，脚踏实地。银杏玉竹，攀天而入；各有千秋，繁茂葳蕤。

今创建校友砖读书廊，承载母校乡愁，为天下桃李点亮往昔。杨贵庆教授依旧担任设计师，在艺术墙的基础上，更巧妙地融大同文化与建筑艺术为一体。大同校园文化将在这新景观中不断积淀，成长。经过岁月的洗礼，校友砖读书廊会一代代地传承下去，给校友们以回忆，给学生们以目标。"生生不息，繁荣昌盛。"

时一六年四月二十三日。

三等奖 高一（7）班 王思凡

时维谷雨，岁在丙申。于校西南林荫道，将建成校友砖艺术墙姐妹篇，校友砖读书廊。读书廊主体的葡萄架，用原柱，建原型，旨在令归巢校友寻回乡愁。葡萄架尽头是与澳洲学校共同栽下的友谊树，华盖长青。旁有小径，青石板与红砖相交相映，红砖上刻有二十四节气，大同学子晨起于此读书徜徉，体会光阴易逝的紧迫。小径外是绿竹猗猗，银杏修耸，待到深秋，枝头硕果累累，令人遥想百年大同风雨兼程，而今桃红李白，芬芳馥郁；又有感于先人峥嵘岁月，十年树木，百年树人。读书廊上的七个读书角，组合构成了北斗七星的长廊画卷。大同学子于此脚踏实地、仰望星空，于此胸怀理想，于此平等向学、锐意进取。笃学敦行，立己达人，弘毅致远，正在我辈。

三等奖 高一（7）班 朱华茗

夫大同百年华诞，校友砖艺术墙之建成，发万千校友母校记忆。回馈母校，盛情难却。百五庆典，校友砖读书廊初具规模。杨贵庆校友倾以才智，复而拟稿。于昔日校友，母校情愫以葡萄架承载，大同乡愁以紫藤花托付。旧柱不移，岁月留痕，校友砖留得校友话语，青春汇聚此处，感恩寄言成册。于金兰之交，纪念树印刻两校友谊，叶脉舒张之间，相隔万里，然息息相通。于大同学子，七处校友砖垒砌成北斗。星空成形，寓意梦想。足下砖刻二十四节气，春秋顺连，四季轮回，朝夕间把握时光。雄雌银杏拔地起，学习生活两塑成，翠竹节节高。早雾午日晚霞漫步于中，成长在此。读书廊之意与育人相配，无数学子笃学敦行，立己达人。如桃李滋长天下。隔明德与校友砖艺术墙相望，校友砖读书廊乃是大同文化瑰丽之所成，校园新景有此番内涵，更显谆谆教导之意，融社会主义核心价值观于内，进而以此勉励后人，再创辉煌。

三等奖 高一（9）班 王天海

百年逾，砖墙立，校友竞相添砖瓦。

平等理念塑校友之精神家园，艺术墙似搏动之心跳，象征校友之心与大同共同律动。

三年已逝，旧墙未忘，新墙始建，操场旁构，直走明德。二池清清，首尾呼应。

五步一丛，十步一树，葡萄架长，未云有龙。大同学子，羽翼将丰，翱于九天，守护母校。砖墙毗邻，似北斗七星，教学子仰望星空，拥博大胸怀，怀远大理想，想报效祖国。

二十四节气砖提醒学子要脚踏实地，看过去的路，经春夏秋冬，四季轮回。节气砖旁矗立"大同校庆一零五周年"字样，显校史悠久，让学子感受到祖母般的关怀，她慈爱地将学子们护于羽翼之下，共同经历风雨春秋。迎新树向上直冲天庭，喻大同学子、大同中学之奋发向上，竹子节节高又提醒学子逐级达成预定目标，切忌好高骛远。

百年大同，桃李满天下！

三等奖　高二（2）班　韩　涛

百年大同，桃李天下，莘莘学子，情系母校。今于吾校华诞壹佰零伍周年之际，乃新修校友砖读书廊，以不负广大校友之厚望，重拾昔日美好之记忆哉。

缘经而行，俯身而瞰，目光所及皆为二十四节气，仿若穿行四季，叹光阴之易逝。仰面而望，翠竹者亭亭，银杏者葳蕤，仿似大同学子，朝气而蓬勃。

信步长廊，微风骀荡。绿荫如盖，沐晨曦之光辉，紫藤环绕，乐闲读之雅致。随处可见校友捧书而读，践行笃学之道也。

遥顾四周，皆以校友砖堆砌其中，远望之下，竟呈北斗七星之势，始觉宇宙之浩瀚而理想之远大，乃悟创者之用心也。

校友之心，显于砖墙，校友之情，源远流长。愿以所见所感作文以记之，与吾众大同学子共勉。

三等奖　高三（8）班　俞稼穑

大同华诞百年有五，作读书廊以承校友拳拳爱校之心。勒其姓名于砖石上，砌成凳几，石凳有七，状若北斗寓仰望星空，胸襟博大之意。曲径蜿蜒，草木葱茏，道旁有银杏枝叶直上，仿若学子奋发自强；亦有紫藤葳蕤，蒲桃剔透，生发校友绵绵追忆，情牵母校感恩之心，反哺之意。春华秋实，一如莘莘学子大有作为；桃李不言，审明贤达师长谆谆教诲。日星辉落，飞燕交颈，群英共聚戮力践行笃学敦行，立己达人之校训。坐阶上，放眼广袤绿茵，有球队矫健身姿，拼搏进取，与旁铜像相映相呼。读书廊之景观，于校园北，与华墙遥瞻，使学圃丰泽，莘莘蔚蔚。每念之，便生立志成才，报效祖国之志，亦愿此大同学子成长之路勉于后学。时丙申仲春四月二十三日。

三等奖　高三（10）班　王梓桐

一种胸怀。穿梭于北斗七星之间，仰望浩瀚夜空，发少年壮志豪情。漫步于天时轮回之上，俯察光阴流逝，叹似水青春年华。是为胸有乾坤，脚踏实地。

一种情怀。葡萄架前，紫藤花下。日光下彻，树影斑驳。忆往昔校园风光，昨日重现。傍有雌雄银杏，郁郁滋长，蓬勃向上。如大同学子，乘风破浪，春华秋实，茁壮成长。

砖为墙，砖为椅，刻石其上。添砖于母校，报传道解惑立人之恩。怀念故事，犹见当年之意气风发，风华正茂，寒窗烛影，月夜孤灯。

丙申年，读书廊落成。喜大同校园又增盛景，特作文以记之。

附录 D　关于葡萄架等校园景观的回忆文章选摘

葡萄架下大同缘
盛雅萍

　　大同中学的校园里，曾有一座葡萄架，她，骨格俊朗，绿藤萦绕，清新淡雅，是大同一道亮丽的风景线。早上，她陪伴着学生晨读的身影；午间，她聆听着师生休憩的笑语；夕阳里，她留下大同人长长的倩影……春华秋实，寒来暑往，那曾经的葡萄架，记载着多少大同学子的成长故事，留下了多少大同老师对教育的思索……在上世纪 90 年代，由于大同校舍改建，这座葡萄架被拆除了，但她却一直留在我的记忆里，因为，我与大同结缘始于这座葡萄架。

　　29 年前，我从市南中学被借调到区教育局工作，当时的教育局就在大同中学的对面。9 月初的一天，我去局里报到，椅子还未坐热，人事科长急冲冲地对我说："小盛啊，大同中学有一名语文老师病了，你去救救急吧？"还没等我回过神来，他又说："大同校长现在就在葡萄架下等你呢！"就这样，我走进了大同，来到葡萄架绿荫下。

　　葡萄树绿叶蓬勃，藤蔓缠绕，葡萄花平淡无奇，既不香，也不艳，以至很多人不知道葡萄花长什么样子，而我却喜欢这平凡朴实的葡萄树。等着我的是大同副校长俞柏寒，他见到我就说："小盛，我校不用坐班，你家孩子小，上完课、备课、批改作业等都可带回家的。"就这样，我成了大同的借任老师。

　　在大同的日子里，我几乎每天经过葡萄架，有时还会驻足观赏，她似乎成了我的好朋友。忙碌而充实的几个月很快过去了，突然有老师通知我到校长室去。怎么啦？我工作上并没有什么失误呀，我的课还蛮受学生欢迎的呢，我有点纳闷。没等我想完已经到了校长室，王孟斑校长见到我一脸微笑，他希望我能留下来。但我当时并没有留在大同的意愿，因为我内心对市南中学充满着感情。

　　我是全国恢复高考后的首届大学毕业生，又因双优的成绩被分配到了市南中学。市南也是一所有着一百多年历史的老校，我教师生涯的第一步是从这里开始的。在市南我得到了罗曼曼、袁佩君、夏耀凤等许多老师的关心和指导，尤其在工作半年之后，很幸运地受到了市教研室教研员、上海市语文特级教师徐振维老师的认可，并和我结为师徒。之后她便每个月来听我的课，听完一次仔细讲评，肯定优点，指出不足，下个月来便看是否改掉了不足，就这样整整持续了两年多时间。说实在的，那段日子，我思想上的压力挺大的，但我教学上的长进则更大，在老师们的帮助下，不久我便担任了语文教研组副组长。而且在市南我找到了两个家，政治上我入了党，生活上有了可爱的儿子。对市南中学我心存感恩。

　　这时，王孟斑校长操着浓重的浦东口音对我说："小盛啊，我们随时欢迎你来！你回去再想想吧！"

春风又绿葡萄架。几个月后，我再次被叫去校长室。这次校长直截了当地告知我："下个月工资这里领……"就这样，一纸调令，让我成了大同人。

在大同中学，我经历了前后两个8年。

第一个8年，大同的环境氛围感染着我，大同的教研气氛影响着我，大同的很多老师给予我无微不至的关怀，尤其是钱蓉芬老师，她不但指导我怎么上课，而且教我如何做人。后来我才知道，当初我就是来代她的课的，之后我俩成了无话不谈的忘年交。我清晰地记得，那一年，我在大同小礼堂开市级公开课，有300多位老师来听课，又是钱老师一次次地指导我。她家就在南车站路，离开学校很近，白天学校事情多静不下心来，我便把修改好的教案，下班后赶去她家请教，她总是不厌其烦地讲啊讲的，有时晚了便在她家吃饭也是常有的事。

在我的成长过程中，幸运地遇到了多位名师，并得到了她们的指导。而后，因王世虎校长的提携，我被调往市八中学工作，从担任盛芙生校长助理到校长，又经历了10年的磨砺。这十年是我人生中很重要的一段经历，期间，我获得了上海市十佳青年校长的荣誉，后被调到教育局担任了副局长。

让我没想到的是，离开大同后会再回来任校长。2007年春天，区委书记钱景林找我谈话，他语重心长地对我说："大同是黄浦的窗口，是黄浦的一张名片，相信你能挑起这副担子，我们会支持你的……"当我回到已离开12年的大同时，大同早已旧貌换新颜，我所熟悉喜爱的葡萄架也已不见踪影。

屈指数来，重回大同又是8年了。大同有一支优秀的团队，与团队的同仁朝夕相处，创新发展，虽说辛苦，但很幸福。大同是一所百年名校，如何传承优秀文化，如何开阔学生眼界，如何办出学校特色，是我经常思考的问题。学校先后创办了"院士讲坛"、"大家讲坛"，将院士及社会各界名流，如徐匡迪、张杰、葛剑雄、何占豪、钱汉东、包起帆、钱学森长子钱永刚等请进学校作报告，就是想让学生站在"巨人"的肩上，想得更多，看得更高，走得更远。

人生就像一棵葡萄树，将艰辛苦难深深地埋在地下，把美好希望拧在一起攀向天空，让甜蜜硕果挂满枝头……大同的葡萄架虽已不复存在，但她却一直在我心中，她在我的心中，寄托着大同情缘；她更在我的心中，象征着大同精神。

我憧憬着，有一天，那曾经的葡萄架又重回到了大同的校园里，仿佛，她从来就没有离开过我们的大同……

（此篇曾发表于《上海教育》2015年9A。作者为上海市大同中学校长）

葡萄架廊与我的大同"乡愁"

杨贵庆

　　说到"大同情缘"，我的思绪飞回到曾经就读六年的菁菁校园。眼前仿佛象电影画面似的，一幕幕场景，点点滴滴串联起初中和高中的学习生活。无论是"高耸云霄"的钟楼，还是平展宽阔的操场；无论是教室后面板报上粉笔勾勒的学习园地，还是课堂里在桌子底下速写老师的画像；无论是书法兴趣小组的大字练习，还是课外美术兴趣小组连续几个星期素描阿里斯托芬石膏头像；也无论是高音喇叭里"大会操"的节奏，还是放学后风雨操场里欢闹的排球比赛，更有下课铃声后在操场三五成群地狂奔着追赶纷飞的白蝴蝶。到了高中，课外时间更多是用在了钢板刻蜡纸印刷创办了校园第一份学生报纸《大同学报》（出了 2 期后来更名为《大同生活》）。说来也奇怪，这么多年过去，原来被认为很重要的上课做试卷和作业的场景，却很少在记忆里面出现。现在想来，也许上课和作业的场景被重复得太多了，反而没有深刻的印象，却是那些零星、独特的经历，记忆较深，记录了"成长"。在那些零星而独特的经历中，校园那排葡萄架和边上的一棵小树，成了我记忆深处十分重要的"大同乡愁"。

　　那是在进入高中的一段时间吧，心灵成长和校园的葡萄架廊结缘。也许是开始从少年向青年时期过度的缘故，世界观、价值观以及古今中外文化和思想的碰撞，使得我开始独自思考。思考的重要方式是在校园中散步，而选择的地方主要就是那片绿地中的葡萄架走廊。每当在思考中有所感悟而兴奋不已的时候，或是在遭遇挫折和困境的时候，我一般都是选择在葡萄架廊下来回慢走，享受内心的喜悦或是释怀心中的苦闷。隐约记得那段葡萄架廊的曲折长度大约不到 40 米，来回走一趟不需太多时间。但是随着思考的内容及其复杂程度不断增加，我通常会走上多个来回，直到心绪平静下来。葡萄架的绿荫和边上的树木给予我内心安宁的环境。尽管我的记忆里面确乎没有看到过晶莹的葡萄，也真的记不清是否有过成熟葡萄泛着天光的紫色，但是，我的眼前弥漫着茂密的攀藤和连绵的绿荫，是它们为思绪的伸展做了极好的铺垫。尤其是在葡萄架廊边上有一棵不知道名字的小树，成为我驻足凝神的对象。我经常会站在葡萄架下，面对着这棵树，凝视着树干，然后闭上眼睛，在心中祈祷，希望它给予我心灵启发，感悟到成长的智慧。也许是心理作用吧，我经常可以从与这棵树的心灵交流中获得思考的答案，增加了信念和奋斗的勇气。

　　后来学校经过不断新的发展建设，很多年之后我重返校园，再也没有看到心中一直牵挂的那片绿地、葡萄架和廊边的那棵小树。虽然心中有一丝遗憾，但仍然感恩它们曾陪伴我度过了心灵成长的岁月。冬去春来，年复一年，大同母校桃李芬芳，"葡萄架"或许也成为一届届学子青春岁月的"集体记忆"和"乡愁"之一了吧？如今，我很荣幸在完成母校 100 周年"校友砖艺术墙"之后，再次受邀担当其姊妹篇"校友砖读书廊"的规划设计。新的方案将会把葡萄架的要素和读书廊功能相结合，在寓意"北斗七星、探索发现"的布局构思下，融入约 45 米曲折伸展的葡萄架，再次为在校学生构筑一处晨读、交流、漫步和思考人生的校园文化场所，同时也为毕业多年的校友回到母校寻找那年某一个心中的图腾。那是一个见证青春岁月的难忘而又丰富的诠释。

（此文曾发表在《大同》130 期 2015 年 9 月 10 日。作者为大同中学 1981 届初中、1984 届高中校友。现为同济大学建筑与城市规划学院教授、博士生导师，城市规划系主任）

葡萄架下—— 忆母校上海市大同中学
俞陶然

听爸爸说，大同中学的葡萄架又建了起来。照片上，那一排灰色的葡萄架和我记忆中的几乎一样，而在它旁边，多了一条由红色砖块砌成的校友砖读书廊，与葡萄架相映成趣。我的初中和高中都是在大同中学度过的，因为爸爸曾在大同任教，我还没上学时就来到过葡萄架下。如今，这个陪伴我儿童和少年时代的景观得以复建，不禁勾起了许多回忆……

记得以前的大同中学，一进校门是一座白色的学生雕像，基座上刻着邓小平同志的一段话："教育要面向现代化，面向世界，面向未来。"雕像的左边是足球场，经常有学生踢球，使母校成为以足球为体育特色的学校。往雕像的右边走，就会来到葡萄架下，架子上攀爬着许多葡萄藤。春夏时节，架子上的绿叶会遮住阳光，是同学们下课休憩的好去处。葡萄架的一边是教学楼，记得墙上遍布爬山虎，到了秋天还会变色，颇有风致。另一边是办公楼，我认识那里的不少老师。小时候，我还吃过从这儿采摘的一串串葡萄，可惜已不记得是甜还是酸了。

1992 年，我考入大同中学，开始了中学生涯。从那时起，我从一名教工子女变成真正的大同一员。母校的学风很扎实，语、数、英三门主课的教学水平都很高，给我们打下了很好的底子。我现在解放日报社做记者，这个职业对语文功底的要求比较高，文字表述应尽量准确，甚至连标点符号也不能点错，也要有一定文采，吸引读者阅读。母校当年的培养，令我至今受益无穷。巧的是，我所在的部门里，还有一位大同校友，比我小一届，算是小师妹吧。她身上也体现出大同的风格——业务水平高，工作勤奋，为人实在。去年，我们一起参与了报社的"探访全球科技创新中心"项目，她去以色列和俄罗斯采访，我去了德国和芬兰，都圆满完成了任务。我们的英语采访能力，也得益于母校培养。记得初中时，还有金发碧眼的外教给我们上英语课呢！

预备班和初中四年，转眼即逝。听爸爸讲起葡萄架复建的消息，我翻出了保留至今的作文本。在一篇即将毕业时写的作文里，有这样一段文字："走着走着，我来到了葡萄架下，架子上爬满葡萄藤，一丛丛绿叶挂下来。微风吹过，发出沙沙声，我仿佛听到了下课时，同学们聚在这里的谈笑声。难忘啊，葡萄架。难忘啊，同学的友谊，老师的教诲。"

那个葡萄架是何时拆掉的？我不清楚，应该是在高中毕业以后吧。2006 年到大同中学采访时，记忆里的母校景观，很多已不存在。新建的教学楼高大气派，但没有葡萄架和爬山虎的校园，似乎缺失了一些曾经拥有的风致。采访时听校领导说，不少老校友还为拆掉钟楼而感到遗憾。

按照西方人的观念，有历史的人文景观要尽量保留，内饰装修则可以更新。我比较认同这种观念，所以听到葡萄架的"回归"，感到格外欣喜。这是一个让很多校友记忆终身的景观，如今，一届届学子又能在葡萄架下徜徉、交流，延续大同人的集体记忆，不亦悦乎？而且，葡萄架旁建起一条精心设计的校友砖读书廊，更是增添了人文元素。

《易经》云："复，其见天地之心乎。"愿葡萄架的复建，能更好地传承大同人的精神和初心，浩荡于天地之间，与日月共长久。

（此篇曾发表在《大同》2016 年 10 月 10 日。作者为大同中学 1999 届校友，现为解放日报主任记者）

附录 E　校庆活动校友砖艺术墙和读书廊场景照片选登

E1　校庆活动校友砖艺术墙场景照片选登

图 E1-1　大同建校 100 周年庆典场景

图 E1-2　大同建校 100 周年庆典校训墙前学生乐团演奏

图 E1-3　大同建校 100 周年庆典海内外校友返回母校

图 E1-4　大同建校 100 周年庆典盛雅萍校长致辞

图 E1-5　大同建校 100 周年庆典举行校友砖艺术墙添砖仪式

图 E1-6　大同建校 100 周年庆典校友砖艺术墙设计者校友杨贵庆汇报设计构思

图 E1-7　大同建校 100 周年庆典校友参观校友砖艺术墙

图 E1-8 大同建校 100 周年庆典校友在校友砖艺术墙找到自己添砖

图 E1-9 大同建校 100 周年庆典校友接受媒体采访畅谈校友砖艺术墙

图 E1-10 大同建校 100 周年庆典各界校友嘉宾在校友砖艺术墙前合影留念

图 E1-11 各界校友嘉宾在校友砖艺术墙前合影留念

图 E1-12 学生课余在校友砖艺术墙前阅读校友留言

E2 校友砖读书廊场景照片选登

图 E2-1 盛雅萍校长在读书廊葡萄架下与学生亲切交谈

图 E2-2 读书廊葡萄架下师生课余交流读书心得

图 E2-3 读书廊葡萄架下盛雅萍校长与学生在一起

图 E2-4 读书廊葡萄架下盛雅萍校长会见来访嘉宾

图 E2-5 盛雅萍校长陪同嘉宾参观考察校友砖读书廊

图 E2-6 在盛雅萍校长（中）组织下校友亲手搭建自己添的校友砖

图 E2-7 在盛雅萍校长（左二）组织下校友返校亲手搭建自己添的校友砖

图 E2-8 校友返校在原班级和校友砖前合影留念

附录 F　主要媒体报道节录

　　大同校友砖艺术墙和读书廊在策划、设计和建造的过程中，结合大同中学校园景观文化建设、百年校庆活动，在新闻媒体上发布"校友砖召集令"等信息；建造完成之后，荣获上海市级奖项，受到媒体关注和报道。以下是有关媒体宣传和报道的内容选登或节录。

图 F-1　"上海市大同中学建校 100 周年校庆公告——大同校友砖召集令"（文汇报，2012 年 6 月 21 日，第一版）

上海市大同中学建校 100 周年校庆公告

　　咫尺天涯同眷语，千年一瞬品茗茶。

　　上海市大同中学建校 100 周年庆典，将于 2012 年 11 月 18 日上午 9 时在校举行。诚邀各位大同校友齐聚母校，回忆共同走过的大同岁月，再燃曾经的青春梦想，憧憬大同下一个百年辉煌，为母校诞辰更添光芒。

　　大同中学校友砖召集令

　　迎百年校庆，大同校友砖已经开放注册。登录大同校友砖官网 www.xiaoyouzhuan.org/xiaoyouzhuan 进行信息注册。如不便使用电脑，欢迎回母校录入校友砖信息。联系人：周老师，电话 63164496。

　　注册不设人数上限，只分先后。如需即时了解校友砖征集、设计、运作等信息，请登录上海市大同中学校园网 http：//dt.hpe.sh.cn，点击右侧校友砖召集令板块了解详情，我们会将校友砖最新信息予以告知。

　　热忱欢迎海内外各级各届校友为母校添砖，为百年校庆增彩！

图 F-2 "大同中学布置特殊暑期作业——用'校友砖'打造校园新景观"（新民晚报，
2012 年 6 月 30 日，科教卫新闻版）（记者陆梓华）

大同中学布置特殊暑期作业——

用"校友砖"打造校园新景观

暑期教育热线

陆梓华

今年暑假，大同中学的学生们将要完成一份特殊的作业——为学校百年校庆设计一个校园新景观。这个新景观，则将全部由校友们捐赠的一块块"校友砖"构成。

为校友们订制一块标有个人印记的复古红砖，刻上姓名，也写下对母校的祝福；再用这些红砖组成形式多样的校园新景观，可以是一面纪念墙，一根纪念柱，或者是各种艺术小品，点缀在校园各个角落。这个创意，来自该校 2004 届毕业生杨虓。在美国留学时，他留意到，不少当地高校都会用刻有校友名字的砖石铺路，营造浓浓的家的氛围。想到母校即将迎来百年校庆，他产生了设计"校友砖"的灵感，邀请校友为母校"添砖加瓦"，也让人走进校园，就能从校友文化中，感受到浓厚的历史积淀。

令杨虓惊喜的是，母校的领导和老师们欣然采纳了这个方案，并通过网络开始了一场校友砖募集活动。1981 级校友，同济大学建筑与城市规划学院杨贵庆教授设计了第一份校友砖艺术作品——一面由 1200 块校友砖组成的校庆纪念墙。

校长盛雅萍介绍，"校友砖"募集不向在校学生开放，但是，继"纪念墙"之后，校友砖还将以怎样的形式为校园添彩，还需要全校同学一起贡献金点子。为此，在高一高二学生的暑期作业中，便多了一项设计校园"新景观"的作业，引导每个学生用创意和热情，当好学校的主人。　　**本报记者　陆梓华**

图 F-3 "大同中学百年校庆 广发校友砖召集令"（黄埔报，2012年7月13日，社会3版）　（记者王菁）

大同中学百年校庆，广发校友砖召集令

记者　王　菁

本报讯　今年11月18日，大同中学将迎来百年校庆。这个暑假，该校高一高二学生的暑期作业中，多了一项特殊的作业——设计校园"新景观"，该景观将全部由校友位捐赠的一块块"校友砖"构成，借学校百年校庆的契机，引导每个学生用创意和热情，当好学校的主人。

记者从大同中学了解到，每一块校友砖包含三大元素：校友自己的签名、姓名的汉语拼音及入校年份。如果校友们感触深厚，还可以添加一句20字以内的留言，可以是学生时代的感悟，想对母校说的话，或是对未来校友的寄语。这些红砖将组成形式多样的校园新景观，可以是一面纪念墙，一根纪念柱，或者是各种艺术小品，点缀在校园各个角落。

这个创意，来自该校2004届毕业生杨虓。在美国留学时，他留意到不少当地高校都会用刻有校友名字的砖石铺路，营造浓浓的家的氛围。想到母校即将迎来百年校庆，他产生了设计"校友砖"的灵感，邀请校友为母校"添砖加瓦"。令杨虓惊喜的是，母校的领导和老师们欣然采纳了这个方案，并通过网络开始了一场校友砖募集活动。1981级校友，同济大学建筑与城市规划学院杨贵庆教授设计了第一份校友砖艺术作品——一面由1200块校友砖组成的校庆纪念墙。目前已有400多名校友报名募集"校友砖"，这项工作还在持续进行中。

校长盛雅萍介绍，"校友砖"募集不向在校学生开放，但是继"纪念墙"之后，校友砖还将以怎样的形式为校园添彩，还需要全校同学一起贡献金点子。

图 F-4 "大同中学百年校庆募集'校友砖，用第一笔工资为母校'添砖'''"（新闻晚报，2012年7月20日，A1 教育版） （记者钱珏）

大同中学百年校庆募集"校友砖"
用第一笔工资为母校"添砖"

这几天，大同中学高一学生张立权正忙着画一张设计草图——利用"校友砖"设计大同百年校庆新景观，这已成为每位大同学子一份特殊的暑假作业。根据校友的创意，大同中学今年的百年校庆将开创新传统，每一位校友，都可以在母校的校园里留下一块刻有自己签名的砖，寓为母校添砖加瓦之意。召集令发出不到一个月，已有五六千人踊跃报名。

倡议为母校"添砖加瓦"

每一块校友砖将胡以下三大元素：校友自己的签名，姓名的汉语拼音，以及级别（即入校年份）。同时，如果校友们感触深厚，还可以添加一句留言，可以是学生时代的感悟，对母校想说的话，或是对未来校友的寄语等。

创意的提出者是该校 2004 届校友杨虓。在美国留学时，他留意到不少当地高校都会用刻有校友名字的砖石铺路。"校庆来临之际，我跟同学们谈及此事时，曾经开玩笑说应该捐一栋楼，但这显然超越了一名普通校友的能力。"杨虓说，不过转念一想，或许每位校友都可以贡献一块砖。于是，便有校友砖的诞生。杨虓提出，对于今后的大同学子而言，校友砖刻字仪式将是对母校感情的一次延续，等大学毕业时，用人生的第一笔工资，为母校添一块砖。

校友砖组成校庆纪念墙

今年 6 月底，大同中学通过官网发布了校友砖的召集令，不到一月的时间，已有五六千人报名。1981 级校友，同济大学的杨贵庆教授则为母校设计了校友砖的第一个艺术表现形式——一面由1200块校友砖组成的校庆纪念墙，同时也是大同百年校庆的一个标志性景观。

"校友砖作为基本的构成元素，有无限可能的艺术表现形式。"杨虓表示，图书馆的书架可由校友砖搭建；大同校园内的艺术景观可以由校友砖堆砌而成；楼内的巨幅画卷可以由校友砖拼贴而成。

大同中学校长盛雅萍告诉记者，尽管"校友砖"募集不向在校学生开放，但学校希望他们可以参与设计。因此，这个暑假，学校向每位在校学生征集创意，用校友砖设计一个百年校庆的新景观。

高中生设计校友砖新景观

高一学生张立权正考虑能否将校友砖与校史馆设计相结合。"在新建的校史馆内会有一个介绍校友的专栏，可以用校友砖的形式呈现。"小张告诉记者，在这里，校友砖的形状可以是长方体，也可以是六边形的，材质可以用透光性好的玻璃。"校友砖可以拼接组合在一起，变成一块六边形的玻璃幕墙，用来介绍校友。"这几天，小张正在手绘效果图。

把校友砖"搬"进教室走廊，旁边配一个人物头像介绍，正是高一学生陈慈航的设计想法，"这些校友涉及不同的领域，校友砖也可以是不同颜色、不同形状的。"

在校友砖景观设计方面，杨虓也提议，每一位有创意、有才华的校友都可以来投稿，学校会继续向广大校友征集创意，将校友砖的生命延续下去。

图 F–5 "迎百年校庆，大同中学校友为母校设计独特文化景观——此情化作一块砖 青青校园长流连"（《解放日报》，2012年11月14日，科教卫综合新闻版）（记者彭薇）

迎百年校庆，大同中学校友为母校设计独特文化景观
此情化作一块砖　青青校园长流连

本报记者　彭　薇

本周日，大同中学将迎来百年校庆。这几天，不少校友回母校，发现校园里新添了一道

独特景观——校友砖艺术墙。墙面由 1200 块砖头组成，每一块砖都由校友捐赠，上面刻了姓名、入学年份，以及对母校的祝福。

与学校的"院士墙"不同，这面艺术墙将目光投向了普通校友，从创意到设计、制作，全由校友完成。不少校友表示，这是与母校感情的延续，也是校友们守护母校的象征。

留美博士想出添"砖"创意

半年前，大同中学校长盛雅萍收到一封来自美国的邮件，是 2004 届校友杨虓写来的，如今在美国华盛顿大学攻读博士。他说，毕业多年后，越来越想为母校做点什么，功成名就的人士多为母校捐楼、建图书馆等，作为一名普通校友，是否能为母校贡献一块砖？"每一位校友都是平等的，校友砖的意义，不在于金钱价值，而在于捐赠者的心意，以及大家作为大同人的荣誉感。"这句话说服了校长，其建议被采纳。

今年 5 月，学校发出校友砖征集令后，短短数日，就有上百名校友报名参加。同济大学建筑与城市规划学院教授杨贵庆主动请缨，为母校设计艺术墙造型，最终设计成 45 米长的"艺术波"，颇似心电图曲线，寓意为"每一位学子与母校'心连心'"。

一名毕业多年、如今在浙江工作的学生得知这个消息后，发动在制砖厂工作的父亲帮忙承担制作砖块的任务。为此，这位校友家人特意添置了几套模具，反复调色，最终制成。

数千校友捎来祝福思念

每块"校友砖"的背后，都寄托着学子对母校的思念与感恩。

在艺术墙的中间，有两块并排的砖块，这是董亦鸣、董弃疾父女俩捐赠的。董弃疾如今在英国一所高校当老师，她说，直到现在，她仍忘不了高中三年苦读的时光，为她出国深造打下了扎实基础。

在校友砖捐赠者中，有一些人既是毕业生，也是学校教师。林建红老师说，这 20 多年几乎都和大同中学联系在一起，"我的学生时代和职业生涯，都在大同度过，这里见证了我的青春与成长"。

一些校友砖上，还刻上了外国学生的名字。他们是从各个国家来大同中学的交流生，在这里学习了一两年。从网络上知道这个消息后，学生们立即与学校联系，聊表一份心意。德国学生大卫说，谈起中国，我就会想起在大同的岁月，学中文、了解中国文化，很有意思。

学校聘请的一些校外导师，得知校友砖的故事后，强烈要求为大同中学"添砖"。他们虽不是校友，但同样对学校怀有深厚感情，学校为此特设了"名誉校友砖"，著名音乐家何占豪还特意为学校谱写了新校歌。

让校友砖传承学校精神

1000 多块校友砖上，留下了学子的心声："青春无悔，一生怀念""最慰平生事，丹青遇少年""那一年，云淡风轻，阳光在笑。青葱年少，莫不静好？"……

学长们的留言和关于校友砖的故事，深深触动着正在就读的高三学生的心。他们约定：要用人生的第一笔工资，为母校添一块砖。不少学生建议，校友砖可以多种艺术形式延续，如图书馆的书架、教学楼外墙、校园内的艺术景观等，这也会激发学生对母校的荣誉感。

　　盛雅萍说，从某种程度上看，校友砖是学校精神的传承，其内涵会一直延续，成为一道校园文化风景。历经数十年风雨的洗礼，校友砖会慢慢显现出历史的印记，成为一笔宝贵的财富。"学生毕业了，还能时时回想起母校，有一份感激之情，甚至常来看看，这应当是办学者的追求和动力"。

图 F–6　"大同中学庆建新百年"（《新闻晚报》，2012 年 11 月 18 日，A1 综合版）　（记者钱珏）

大同中学庆建新百年

　　今天，大同中学迎来建校百年庆典。大同中学原名大同学院，后更名为大同大学，由著名教育家胡敦复及立达学社同仁于 1912 年创办，1952 年，撤销大学建制，各系科转入其他高校。1956 年，改为上海市大同中学，成为公立学校。2004 年，学校被首批命名为上海市实验性示范性高中。学校坚持实施素质教育，自上世纪 80 年代起，率先开展高中课程整体改革，学校共培养出 39 名两院院士。

　　在大同百年华诞之际，大同学子又诞生了一个不同凡响的创意，那就是建设校友砖艺术墙。校友砖艺术墙的创意者是大同 2004 届校友杨娆，设计者就是大同 1984 届校友杨贵庆。校友砖艺术墙，墙面由 1200 块砖头组成，是让每个校友用一块砖写上自己的感言，留下对母校的一片深情，汇成一座独特的艺术之墙。记者看到，艺术墙设计成震动波的形状，如一颗跳动的心脏。

图F-7 "承载历史底蕴 讲述人文特质 延续育人情怀——上海评出十大校园文化新景观"(《新民晚报》，2013年5月22日，B2教育版) （记者王蔚、陆梓华）

承载历史底蕴　讲述人文特质　延续育人情怀
上海评出十大校园文化新景观

王　蔚　　陆梓华

听一位老教育家说过，要让一个孩子爱学习，首先要让他爱学校。校园，承载着向孩子们传授知识、开启心智、构筑真善美的重任。由近日市教卫党委系统文明办组织开展的"上海市普教系统十大校园文化新景观"评选正式揭晓。校园的容貌，校园的一品一景、一事一物，都宛若一座座无字的丰碑，将镌刻在学生们的心底。

必须具备育人效应

按主办方要求，入选的校园景观应当具备若干条件，包括具有校园文化的内涵、具有校园文化的育人效应、具备较好的品牌效应、体现历史积淀和创新意识的结合。

行知实验中学校长杨卫红说："学校文化是一种氛围、一种精神，是学校发展的灵魂和旗帜，反映一所学校的特质。作为中国陶行知研究实验学校，我们注重挖掘寻找学校发展的文化支撑，熔铸行知特色的校园文化。展现爱的底蕴，续写真人培育新篇章，这也是全体行知实验人的一份责任和担当。"2010年9月，学校着手筹建重修"行知育才旧院"，在重修的同时，适逢全国第三次文物普查，得到了宝山区文物管理局的大力支持，终于在这所以陶行知先生命名、延续陶先生亲手创办的育才学校血脉的学校内，又一校园文化新景观诞生了。2011年11月9日，"行知育才旧院"作为陶行知先生、育才学校办学史迹的建筑本体，被批准认定为宝山区不可移动文物受到保护。

创意源自校友情怀

一个景观一则典故，一所学校一片情怀。这样的校园人文新景观，在大同中学的校友砖艺术墙上表现得淋漓尽致——一块块刻有校友姓名、人生感言和给母校留言的红砖，垒砌成一座 2 米高、80 米长的砖墙，凝固起百年的时光流转。这个创意源自 2004 届校友杨虓从美国发来的一封邮件。他提出"校友砖艺术墙"的创意，"每一块砖，都是学子之心，永远守护着我们的母校。来访嘉宾总能在某些褪色陈旧的砖块上，不经意间发现刻有曾经以及正活跃在各行各业的杰出人才的签名的时候，校友砖的理念就实现了！"这里有德高望重的全国科学技术最高成就奖获得者、上世纪 30 年代校友徐光宪院士，有蜚声海外的著名作曲家、名誉校友何占豪，有曾经在大同工作、学习过的外籍师生，也有为大同耕耘一生的老教师们，然而更多的是历届普通校友。

大同中学校长盛雅萍说，当校友墙被刻满的时候，学校将会甄选校友砖第二个艺术表现形式的创意设计方案，可以是图书馆的书架，可以是校园内的景观或其他各种艺术表现形式，欢迎每一名有创意，有才华的校友投稿，参与设计。

传承学校文化内涵

据了解，此次评选在全市普教系统中引起了不小的反响，共有 16 个区县 45 所学校申报了文化新景观。经初评、复评，20 家单位以集中汇报和现场答辩的方式进行了交流，最终大同中学等 10 家单位当选"上海市普教系统十大校园文化新景观"、高境三小等 10 家单位获得"上海市普教系统十大校园文化新景观提名"。

评选虽然已经落幕，但如何将这些校园景观所承载的文化内涵、办学意境得以不断传承，是留给这些当选学校的一个重要课题。欣喜的是，许多学校在这方面已经有了新的思索和行动。比如，七宝中学的"学子人文书院"这次上榜，校方表示，书院也是学校的人文课程开发基地。书院经过几年的探索，逐步开发了一套符合学生实际需要的"大文特色课程"系列。该课程面向全体学生开设，贯穿整个高中阶段，从而以系统的课程有效支撑了学生人文素养的提升。

本报记者　王　蔚　陆梓华

上海市普教系统十大校园文化新景观

1. 大同中学：校友砖艺术墙
2. 甘泉外国语中学：中国文化体验馆
3. 上海市实验学校东校：爱的新景园
4. 行知实验中学：行知育才旧院
5. 七宝中学：学子人文书院
6. 复旦中学：马相伯纪念馆
7. 青浦区崧泽学校：崧泽文化陈列馆
8. 长宁区仙霞路第一幼儿园：民族文化长廊
9. 嘉定区中光高级中学："博物馆式"校园
10. 崇明县长江小学：水趣园

图 F-8 "扬大同百年精神 展校友熠熠风采 述往昔深深情怀"(《新民晚报》，2015 年 10 月 28 日，A20 文体新闻版）

扬大同百年精神，展校友熠熠风采，述往昔深深情怀

亲爱的校友、老师、同学们：

在你们的心中一定珍藏着许多关于大同的美好记忆，请停下匆匆前行的脚步，泡上杯清茶，慢慢坐下，细细回忆属于你的大同时光，书写下你对大同的情缘吧。现在"大同情缘"栏目向所有校友征集你与大同的情与缘，我们将在 105 周年校庆之际，将这些情缘集成书，形成对大同历史的另一种生动书写，因为你们每一个人都在缔造大同的历史。来稿请发送 email 至 datongxiaoyouhui@126.com 我们希望您的文章篇幅在千字左右。

如果想了解大同的最新动态，请添加微信公众号：上海市大同中学。

"校友砖艺术墙"将诞生她的姐妹篇"校友砖读书廊"，新一期的校友添砖活动已经启动，请各位校友及时关注学校官网的最新发布。

联系人：章老师 63089872 15000366224 上海市大同中学

图 F-9　"校友砖读书廊，播撒文化火种"（《解放日报》，2017 年 4 月 24 日，外滩 15 版）　（记者舒抒）

校友砖读书廊，播撒文化火种

　　在大同中学蜿蜒的林荫小道上，在那片曾绿藤萦绕的葡萄架下，有一座校园文化新景观——"校友砖读书廊"悄然矗立。午间的校园绿意盎然，校园内那温润大气的红色砖墙与之相得益彰，独具韵味。步履匆匆的学子不禁止步伫立，砖墙上那一句句感心动耳的话语好似在向学子述说着她的故事，学子们似品读、似静思。这里是大同学子的乐园，也是大同校友心中的家园。

　　读书廊建于校园西北一隅，由 1984 届校友、同济大学建筑与城市规划学院杨贵庆教授担纲设计。造型呈北斗七星，蜿蜒大气，似星辰般洒落。七大星辰皆由校友砖层层垒砌，呈四向垂直延伸，1.7 米高，70 米长，犹如一颗颗闪烁的恒星。北斗象征着方向的指引，寓意大同学子铭记"笃学敦行、立己达人"的八字校训，志向高远，目标明确；同时也昭示着大同人"仰望星空、脚踏实地"的操守与坚持。

　　近而观之，构成星辰基座的砖墙由一块块校友砖相叠而成，校友砖上镌刻着校友的姓名、入校年份和对母校的留言。他们将点点心意融入进大小相同的一块块砖内，诉说着各自的大同情缘，寓意为母校发展"添砖加瓦"。每一位大同人不论高低贵贱，只要心系母校皆可为母校添砖，因为红砖面前，人人平等。

"育人育德百余年，立业立志传四方""世界大同，梦开始的地方""大同，一生的奉献，一生的追求""砖砖律动薪火传，海上谁人比壮观？我辈刻石当记取，一生莫忘大同天"……校友砖上那一句句感心动耳的留言，承载着不同历史时期的大同精神，凝结着全体大同校友的合力，也书写着百年大同挥斥方遒的志向。

继而前行，林荫小道上，老校舍中那曾令万千校友流连的葡萄藤架已重回大同校园，这是对大同历史的继承，也是对万千校友的情系。读书廊两侧，苍松翠柏，激人以向上；池塘流水，育人以灵动；茂林修竹，教人以气节；蒲桃紫藤，儆人以奋发。筑学子成长之路与读书廊相伴，行走其间，历经刻有二十四节气的彩色瓦砖，天地的自然，四时的序列，万物的生长，润物无声，似劝勉大同学子只争朝夕，脚踏实地，争当时代有为青年。

校友砖读书廊从创意设计到添砖制砖，无不凝结着校友的深情与智慧。大同中学负责人说，2012 年大同百年华诞时，一封来自美国华盛顿的校友来信激起了阵阵涟漪。2004 届校友杨虤提出了"校友砖"的创意。作为广大普通校友的一员，他始终在思考，能以何种方式回报母校，留一块砖的理念于是逐渐形成。1984 届校友、同济大学建筑与城市规划学院杨贵庆教授得知杨虤学弟的这一创意，欣然为校友砖绘制设计蓝图。校友的理想于是在大同校园内落地生根，从"校友砖艺术墙"到"校友砖读书廊"，承载着更为丰富的内涵，续写着更为崭新的华章。

校友砖的创意者杨虤说："几十年后，或许大楼会翻新，或许校舍会重建，但校友砖将永远存在于大同的校园内。大同在，砖在！因为它们是大同历史的传承，文化的延续。校友砖见证了每一位大同校友在母校的足迹！他们也将化身为校友砖，永远守护着母校！"

就这样，时间之轮开始滚动，历经数十年风雨的洗礼，大同校友砖会慢慢显现出历史的印记，印刻的名字会逐渐褪色，但校园里也会不断涌现出新鲜光亮的新砖，成为校园景色的新点缀。渐渐有一天，当大同的校园被充满历史气息的砖块所围绕；当祖孙三代的名字被刻在同一片校园里，共同守护着母校的时候；当来访的宾客总能在某些褪色陈旧的砖块上，不经意间发现刻有曾经以及正活跃在各行各业的杰出人才的签名的时候，大同校友砖的终极理念，也就得以真正实现了。倘徉书香，饮水思源。

有在校同学说，"校友砖读书廊"承载着大同的历史文脉和万千校友的学校深情，一块块校友砖将大同的文化火种播撒在一届又一届莘莘学子的心田，留下文化烙印、刻下心灵印痕。它们是大同历史的传承，是大同精神的根与魂，也是大同人心中共同的梦。

图 F-10　"以青春为名　挥洒年华诗情——大同中学校园诗集《以青春为名》首发暨校园人文十景命名揭晓"，其中，"校友砖艺术墙"被诗名为"心曲叠叠"，而"校友砖读书廊"被诗名为"书廊春晖"（《东方教育时报》，2017 年 5 月 24 日，新闻 2 版）　（记者朱喆、臧莺）

以青春为名　挥洒年华诗情

　　2010 年 3 月，上海市大同中学近取楼底楼大厅出现了一张题为《以青春为名》的海报，写出了一个爱好诗歌的学生对原创文学的反思和期待。这声"救救校园诗歌"的呐喊催生了学校第一个"五月诗会"。8 年后，已成为学校年度活动的"五月诗会"迎来了第一本精品成果选，由上海文艺出版社正式出版发行。第八届"五月诗会"适逢学校 105 年校庆，学校也同时邀请全体大同人为"校园人文十景"命名，经过网络海选投票和 5 轮审议，结果将在 5 月 26 日的"以青春为名——诗集首发暨校园人文十景命名揭晓"活动上正式公布。

　　"这是一本淋漓尽致展现新世纪以来大同人诗歌才情的大合集"，"五月诗会"的指导团队——大同中学语文组、学校"点石文学社"负责老师宋士广介绍说。第八届"五月诗会"以大同中学"校园人文十景"——大同博物馆、同源阁、校友砖读书廊、校友砖艺术墙、校训墙、院士墙、大同宝鼎、大同之光浮雕、文化壁文、"四个学会"雕塑为主题，学校在官方微信上发布"作品征集令"，向全体在校师生以及所有大同人征稿，最终收到了1400余首闪耀着昂扬活力、文心巧思的诗作。比如描绘"同源阁"的古体诗："蓬莱烟雨入楼台，师友四时共徘徊。春去花零书香在，推窗时有蝶飞来。"高一语文组教师孙雷声说："在弘扬传统文化的当下，学生经过训练，从以前被动的'欣赏者'转换视角成为主动的'创造者'，这要比课堂上一味地教育学生去做各种古诗鉴赏能收到更好的效果。"

　　来自高一（8）班的陈佳音为最喜欢的院士墙赋诗一首："星光中记录了多少辉煌，沉默中饱含了多少沧桑。心中有个小小愿望，像仲夏夜的一点荧光，梦想着有一天自己，也能将一块空白填上。"从进入大同开始，每次经过门口的院士墙，她都会驻足停留，看着自己敬仰的中国科学院院士、物理化学、无机化学专家徐光宪的名字。她笑着说："诗里写的是我一直以来内心所积累的感受，也有我对未来的期待。"校长盛雅萍在读了她的创作后欣慰又自豪，她说："孩子渴望自己将墙上的'空白'填上，便是真正读懂了我们设立院士墙的初心，这种共鸣就是我们历代大同的人文气脉的承接。"学校最后为"校园人文十景"分别甄选出了一一对应的十首古体诗和十首近体诗，古与今两路并行，诗作会被做成两套阅读书签收入大同博物馆，也会成为校园文化的纪念品。

　　此次除了原创诗歌，学校语文特级教师曹动清为十景题上了典雅文韵的"景语"，5月26日"以青春为名——诗集首发暨校园人文十景命名揭晓"活动上将有多位名家和大同师生就诗集中的选篇和十景赋诗进行现场朗诵并有更多精彩内容。本次活动也得到了上海市民诗歌节组委会的配合，是诗歌进校园的一次深入全面的展示。

　　走在大同校园里，人文十景宛若一幅景观诗意长卷，校长盛雅萍说："一景一故事，十景十全又十美，此次与'五月诗会'的有机组合，再一次全力凝聚百年大同人文一脉，它们见证一代代学子的青春，一辈辈大同人挥洒诗情诗兴，咏年华风貌，活力不息"。

附录 G 校友砖专利文号

大同校友砖于 2012 年 7 月 6 日申请国家知识产权专利，并于 2012 年 12 月 5 日获得中华人民共和国国家知识产权局发布的"外观设计专利证书"（证书号第 2230457 号），专利设计人为"杨虓、杨贵庆"，专利权人为"上海市大同中学"。以下图片分别为：

图 G-1 校友砖外观设计专利证书封面

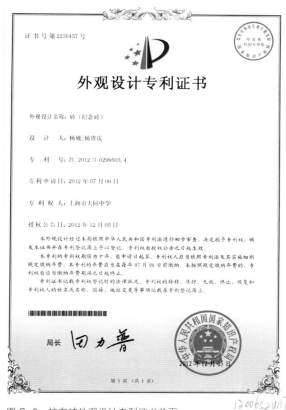

图 G-2 校友砖外观设计专利证书首页

(19) 中华人民共和国国家知识产权局

(12) 外观设计专利

(10) 授权公告号 CN 302217597 S
(45) 授权公告日 2012.12.05

(21) 申请号 201230299505.4

(22) 申请日 2012.07.06

(73) 专利权人 上海市大同中学
地址 200011 上海市黄浦区南车站路 353 号

(72) 设计人 杨城 杨贵庆

(74) 专利代理机构 上海精晟知识产权代理有限
公司 31253
代理人 马家骏

(51) LOC (9) Cl.
11-02

图片或照片 7 幅　简要说明 1 页

(54) 使用外观设计的产品名称
砖(纪念砖)

立体图

主视图

俯视图

后视图

仰视图

左视图

立体图

右视图

图 G-3　校友砖外观设计专利证书内页　　　　　　　图 G-4　校友砖外观设计专利外观图片照片

主要参考文献

[1] 盛雅萍，马学强 . 沪上名校 – 百年大同研究（1912–2012）[M]. 上海：上海辞书出版社，
     2012.

[2] 盛雅萍 . 同源问道 [M]. 上海：上海教育出版社，2017.

[3] 杨贵庆，杨虓 . 守望 追梦——记百年大同"校友砖艺术墙"的创意和设计 [J]. 上海教育，
     2013（6）：10.

[4] 盛雅萍 . 读书廊 葡萄架 大同情 [J]. 上海教育，2017（5）：65.

[5] 盛雅萍 . 葡萄架下大同缘 [J]. 上海教育，2017（9）：73.

后　记

　　本书的撰著虽然始于 2017 年 8 月的盛夏，历经 3 月有余而完成，但是其前后准备和记录过程却跨越了近 7 个年头。2011 年底，大同"校友砖"创意诞生，2012 年始设计初稿，期间经历了上海市大同中学即我们的中学母校百年华诞（2012 年）和建校 105 周年庆典（2017 年）。直到 2016 年校友砖读书廊初步建成之后，我们开始着手整理创建过程所积累的资料，包括设计的草图手稿、模型照片、建造过程中各方共同参与的记录，以及媒体的多方面报导。我们希望这样的整理和撰著，为母校校园文化景观的创建留下一路走来的足迹，并作为这一过程的文献，见证母校发展宏大诗篇中的一段微小的章节。

　　在此书付梓之际，要感谢各方面的关怀和支持！

　　衷心感谢上海市大同中学盛雅萍校长带领的学校领导班子成员和各位老师，感谢邵清副校长、郭金华副校长和王菲副校长，感谢校长办公室各位老师，以及学校基建处的各位老师！感谢专家学者的指导交流，感谢各方媒体的宣传报导，同时也感谢制砖厂和施工建造单位不厌其烦的修改完善。

　　由于从校友砖艺术墙到校友砖读书廊创建，时间跨度整整 6 年，一些人员单位调动，也难以记录完整，即便是记录下来，但是工作单位和身份也已经有所变化，难免疏漏和有所错误。但是，我们仍然希望在此列入可能不太完整的名单，他们是：张伯安、钱汉东、杨明华、马学强、计琳、林思思、林德发、林鹏熙、章轶、张伟峰、陈雯华、吴寅根、樊青、陈珏、谢媛媛、周晓莹、宋士广、徐彪、周体烨、孙玉芬、杜明春、曹冲等。希望藉此十分有限的半页空间，表达我们诚挚的感谢！同时，对于可能出现的疏漏和错误，笔者在此表示深深的歉意！

　　校友砖的故事还在继续，今后，第三个、第四个、第五个景观还将陆续在校园内呈现。校友砖将成为母校情牵校友、校友心系母校的共同的精神家园，默默地雨润着大同学子，为大同世界而奋发有为。

　　感恩母校！

杨贵庆、杨　虓

2017 年 12 月 10 日